Cristiane de Souza Siqueira Pereira
Marisa Fernandes Mendes
Fernando Luiz Pellegrini Pessoa

Extração supercrítica de éster de forbol do bagaço de Jatropha curcas

Cristiane de Souza Siqueira Pereira
Marisa Fernandes Mendes
Fernando Luiz Pellegrini Pessoa

Extração supercrítica de éster de forbol do bagaço de Jatropha curcas

Experiências, modelização e avaliação económica

ScienciaScripts

Imprint
Any brand names and product names mentioned in this book are subject to trademark, brand or patent protection and are trademarks or registered trademarks of their respective holders. The use of brand names, product names, common names, trade names, product descriptions etc. even without a particular marking in this work is in no way to be construed to mean that such names may be regarded as unrestricted in respect of trademark and brand protection legislation and could thus be used by anyone.

Cover image: www.ingimage.com

This book is a translation from the original published under ISBN 978-620-2-30836-6.

Publisher:
Sciencia Scripts
is a trademark of
Dodo Books Indian Ocean Ltd. and OmniScriptum S.R.L publishing group

120 High Road, East Finchley, London, N2 9ED, United Kingdom
Str. Armeneasca 28/1, office 1, Chisinau MD-2012, Republic of Moldova, Europe
Printed at: see last page
ISBN: 978-620-8-26192-4

RESUMO

Este trabalho tem como objetivo o estudo da viabilidade técnica do fluido supercrítico para extrair o éster de forbol presente no bagaço de sementes de Jatropha. O efeito da temperatura (40 - 100 °C) e da pressão (100 - 500 bar) sobre o rendimento de forbol foi investigado utilizando uma metodologia de desenho composto central para determinar a significância e as interações destes parâmetros. Os PEs nas amostras extraídas foram analisados e quantificados por HPLC. A extração com fluido supercrítico foi eficaz na extração de PE da torta *de Jatropha curcas*, variando de 23,0%, a 70 °C e 500 bar, a 2,6% a 90 °C e 160 bar. Os resultados mostraram que a pressão teve o efeito de aumento mais significativo no rendimento da extração do éster de forbol. Além disso, foi também avaliada a utilização de etanol como co-solvente no processo de extração supercrítica. A extração foi eficiente, com os melhores resultados obtidos na condição operacional de 70 °C e 500 bar, removendo 61% da concentração inicial de éster presente no bolo após 5 horas de extração. Simulações de extração de ésteres de forbol da torta de Jatropha curcas foram realizadas utilizando o SuperPro Designer 9.0 para avaliar os custos de produção de um processo industrial para tratar a quantidade necessária de torta. Foi possível concluir que a extração supercrítica é uma tecnologia promissora que pode ser aplicada para desintoxicar a torta de Jatropha curcas.

Palavras-chave: desintoxicação, prensa de parafuso; conceção experimental, co-solvente

ÍNDICE DE CONTEÚDOS

CAPÍTULO 1

1. INTRODUÇÃO

O pinhão-manso (Jatropha curcas), planta arbustiva da família *Euphorbiaceae*, é uma planta cujas sementes são ricas em óleo que pode ser utilizado para a produção de biocombustíveis. No entanto, as sementes contêm muitos compostos tóxicos, sendo os mais importantes conhecidos como ésteres de forbol (PEs). No Brasil, conhecido como "pinhao-manso", é uma importante oleaginosa que tem recebido grande atenção nos últimos anos devido à sua utilização na produção de biodiesel (Ceasar & Ignacimuthu, 2011). O óleo *de Jatropha curcas* é geralmente extraído por prensas de parafuso e para cada milhares de litros de óleo de Jatropha são produzidas cerca de 2 toneladas de torta de prensa (Kootstra et al., 2011).

A torta que resta após a extração do óleo é rica em proteínas, mas também contém compostos tóxicos (Martinez Herrera et al. 2012). A toxicidade deve-se à presença de níveis elevados de componentes tóxicos e antinutricionais, como inibidores de tripsina, lectinas, saponinas, fitato e PEs. Embora estejam presentes outros compostos, os PEs são os principais componentes tóxicos da *Jatropha curcas*, e a sua concentração é o parâmetro que limita a utilização do bolo prensado rico em proteínas para a alimentação animal (Makkar et al., 1997; Makkar e Becker, 1999)

As moléculas de ésteres de forbol são diterpenóides tetracíclicos com uma estrutura esquelética de tigliane (Hass et al., 2002). Estes autores isolaram seis tipos diferentes de PE de *Jatropha curcas* e todos estes compostos possuem o mesmo núcleo diterpeno, nomeadamente, 12-deoxi-16-hidroxiforbol. Estes compostos presentes nas sementes foram designados por factores C1, C2, C3, epímeros C4, C5 e C6 do pinhão-manso, com a fórmula molecular $C_{44}H_{54}O_8$.

Os ésteres de forbol são espadas de dois gumes, com muitos efeitos negativos nos seres humanos e nos animais. Também possuem alguns efeitos benéficos, porque nem todos os PEs são tóxicos e a sua atividade e potência variam de um tipo de PE para outro (Joshi e Khare, 2011; Goel et al., 2007). Os PE purificados também podem ser convertidos ou transformados quimicamente em compostos não tóxicos com actividades benéficas, como a hidrólise do 12-desoxi-16-hidroxiforbol que resulta na síntese do 12-desoxiforbol-13-fenil acetato, um composto que é considerado um adjuvante promissor para a terapia antiviral devido às suas propriedades anti-HIV (Wender et al., 2008). Alguns estudos relataram as propriedades antifúngicas e insecticidas do bolo de sementes de *Jatropha curcas* atribuídas à presença de PE (Joshi e Khare, 2011; Joshi et al., 2011, Devappa et al., 2012; Ratnadass e Wink, 2012; Saetae e Suntornsuk, 2010).

Estão disponíveis vários estudos sobre a desintoxicação do bagaço *de Jatropha curcas* (Ahluwalia et al., 2017). No entanto, os autores revelam que estas técnicas não são economicamente viáveis e as múltiplas etapas envolvidas no processamento da biomassa até à fase de desintoxicação são também dispendiosas e não são amigas do ambiente. Com base nesse fato, o processo de extração supercrítica apresenta vantagens em relação aos métodos convencionais com solvente orgânico. O dióxido de carbono no estado supercrítico é um solvente promissor devido às suas caraterísticas como inércia, não toxicidade, não inflamabilidade, não explosividade e disponibilidade com alta pureza a baixo custo (Brunner, 1994). Esta tecnologia implica na utilização dos princípios da química e engenharia verde, desde o início do processo no ambiente de pesquisa até a aplicação do processo em escala comercial (Machida et al., 2011).

A utilização de co-solventes (pequenas quantidades de solventes orgânicos) combinados com dióxido de carbono supercrítico tem sido utilizada para melhorar a eficiência da extração, aumentando o rendimento e modificando a seletividade do processo. O co-solvente pode alterar as caraterísticas da mistura de solventes (CO2 e co-solvente), tais como a polaridade e as interações específicas com o soluto, formando ligações de hidrogénio ou interagindo com sítios activos de uma matriz sólida (Dıaz-Reinoso et al., 2006). Neste contexto, foi realizado um estudo preliminar, avaliando o etanol como co-solvente no processo de extração supercrítica.

CAPÍTULO 2

2. MATERIAIS E MÉTODOS

2.1 Materiais

As sementes de pinhão-manso foram gentilmente cedidas pela Empresa de Pesquisa Agropecuária de Minas Gerais (EPAMIG) e foram cultivadas na cidade de Janaúba, localizada no norte de Minas Gerais, Brasil. A torta de pinhão-manso foi obtida através de uma prensa tubular radial com capacidade de 50 kg/h (SCOTTECH), que forneceu aproximadamente 19,6% de óleo. A composição da torta de prensa foi descrita detalhadamente em Guedes et al. (2015). Após a prensagem, o material foi armazenado em saco plástico no frigorífico para posteriores experiências. o CO_2 líquido (99,9% de pureza) foi adquirido da White Martins (Rio de Janeiro, Brasil). Após a prensagem, o material foi armazenado sob refrigeração num saco plástico antes das experiências posteriores. O fluxograma experimental da prensagem é apresentado na Figura 1.

Figura 1. Processamento de sementes de pinhão-manso (GUEDES et al., 2013)

2.2 Conceção experimental

A torta prensada de pinhão-manso foi submetida ao processo de extração segundo um esquema central rotativo composto (CCRD) com duas variáveis independentes (pressão e temperatura), habitualmente estudadas no processo de extração supercrítica. A Tabela 1 apresenta os níveis codificados e reais das variáveis e descreve os 11 experimentos realizados. Os resultados foram analisados estatisticamente utilizando um programa estatístico.

Tabela 1. Matriz de conceção rotativa composta central aplicada à extração com fluido supercrítico

Run	Coded level of variables		Actual level of variables	
	Temperature (x1)	Pressure (x2)	Temperature (ºC)	Pressure (Bar)
Factorial points				
1	-1	-1	50	160
2	+1	-1	90	160
3	-1	+1	50	440
4	+1	+1	90	440
Axial points				
5	-α (-1.41)	0	40	300
6	+α (+1.41)	0	98	300
7	0	-α (-1.41)	70	100
8	0	+α (+1.41)	70	500
Center points				
9	0	0	70	300
10	0	0	70	300
11	0	0	70	300

2.3 Extração com dióxido de carbono supercrítico

Os experimentos de extração com fluido supercrítico (SFE) foram realizados em um aparato, construído no Laboratório de Termodinâmica Aplicada e Biocombustíveis do Departamento de Engenharia Química/UFRRJ, que consiste em um extrator de aço inoxidável 316S com 42 mL de capacidade. O extrator contém duas telas de 260 mesh para evitar o arraste de material. Uma bomba de alta pressão (Palm modelo G100), específica para bombeamento de CO_2 foi responsável pela alimentação do solvente no extrator. Um banho termostático (modelo Fisatom) foi acoplado ao extrator para controlar a temperatura e um manómetro foi instalado em linha para a medição da pressão. O fluxograma do aparelho experimental é apresentado na Figura 2.

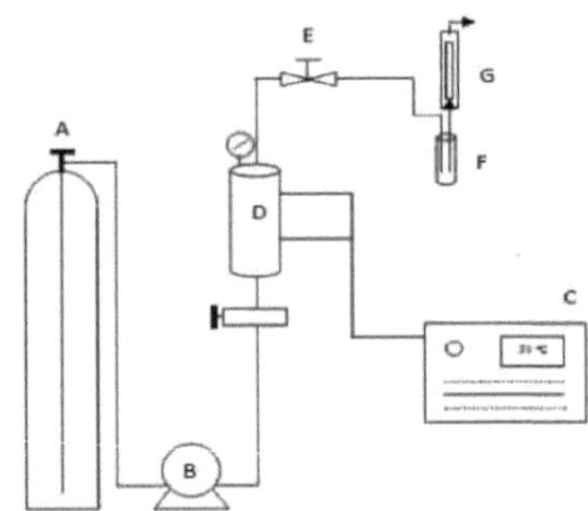

Figura 2. Fluxograma do aparelho experimental

A: Cilindro de CO_2; B: Bomba de alta pressão; C: Banho de aquecimento; D: Extrator; E: Válvula micrométrica; F: Amostra, G: Medidor de caudal.

O mesmo aparelho tem sido utilizado em inúmeros estudos realizados pelo grupo de investigação (Mendes et al., 2005), e o procedimento experimental foi efectuado em regime de semi-batelada. Inicialmente, o extrator foi enchido com o material sólido, aproximadamente 10 g de bagaço prensado de Jatropha. A amostragem foi feita por meio de uma válvula micrométrica, reduzindo a pressão, e o extrato oleoso foi recuperado em um tubo de polipropileno previamente pesado. A amostragem ocorreu a cada 10 minutos com a despressurização do sistema. O rendimento da extração foi calculado de acordo com a equação 1:

$$\text{Yield (\%)} = \frac{\text{mass of extract (g)}}{\text{mass of cake (g)}} \text{x100} \qquad (1)$$

com a massa do extrato como a fração oleosa extraída em cada 10 min, e a massa do bolo foi de 10 g, aproximadamente, para todas as experiências.

Foram realizadas cinco extracções utilizando etanol como co-solvente com base nas melhores condições operacionais obtidas na fase experimental quando o CO2 foi utilizado como solvente. As condições experimentais foram as seguintes: 40 °C - 300 bar, 70 °C - 300 bar, 50 °C - 440 bar, 90 °C - 440 bar, 70 °C - 500 bar. Foram adicionados cerca de 5 ml de etanol a 10 g de bagaço de Jatropha, o suficiente para os humedecer, seguindo-se a extração durante um período de 5 horas.

2.4 . Análise do éster de forbol

Os PEs de extratos de bolo de Jatropha obtidos com CO_2 supercrítico e de bolo prensado foram analisados na Embrapa Agroenergia (BrasПia, Brasil).

A metodologia utilizada para a análise dos ésteres de forbol do bagaço prensado foi adaptada de Makkar et al. (1997). Transferiu-se, aproximadamente, 4 g de bagaço *de Jatropha curcas* para células do extrator de solvente acelerado (ASE 350). As amostras contidas nas células foram extraídas com metanol, utilizando as seguintes condições: temperatura: 60 °C; tempo de aquecimento: 5 min; tempo estático: 2 min; número de ciclos: 5;

volume de enxaguamento: 150% e um tempo de purga de 60 s. Os extractos dos tubos ASE foram evaporados sob vácuo num banho de água a 60 °C (rotaevaporador). Foram adicionados 2,5 ml de metanol de grau HPLC aos tubos ASE e misturados durante 20 a 30 segundos. Os extractos metanólicos foram transferidos para um tubo de ensaio de 10 mL e centrifugados a 4000 rpm durante 3 minutos. O sobrenadante límpido foi transferido para um balão volumétrico de 5 mL com o auxílio de uma micropipeta. Este procedimento foi repetido com uma porção adicional de 2,5 mL de metanol de grau HPLC, trazendo a mistura metanol mais resíduo para o mesmo tubo de ensaio. A solução de metanol foi filtrada para um frasco (VertiPure PTFE Syringe, 13 mm, 0,2 µm) e 25 µL foram injectados no sistema cromatográfico.

Para a análise por HPLC dos extractos de PEs a partir de CO_2 supercrítico, foram adicionados 3 mL de metanol de grau HPLC ao tubo falcon contendo o extrato obtido por extração com fluido supercrítico. O tubo foi misturado durante 20 a 30 segundos e centrifugado a 9000 rpm durante 5 minutos. O sobrenadante límpido foi transferido para um balão volumétrico de 10 mL com o auxílio de uma micropipeta. Este procedimento foi repetido com duas porções adicionais de 3 mL de metanol, adicionando os extractos metanólicos no mesmo balão volumétrico de 10 mL e completando o volume com metanol. A solução metanólica foi filtrada para um frasco (VertiPure PTFE Syringe, 13 mm, 0,2 µm) e 25 µL foram injectados no sistema cromatográfico. Utilizou-se um gradiente de (A) ácido fosfórico 0,1% (V/V) e (B) acetonitrilo como descrito a seguir: começar com 60% de B, aumentar B para 100% nos 25 minutos seguintes e manter 100% de B nos 3 minutos seguintes. Em seguida, a coluna foi lavada com 2-propanol nos 5 minutos seguintes e equilibrada com as condições iniciais (60% de B) durante 10 minutos. As condições cromatográficas foram também adaptadas de Makkar et al. (2009). Os PEs foram analisados e quantificados por HPLC (Agilent) numa fase reversa C18

SB-C18 250 x 4,6 mm (5 µm), mantida a 40 °C.

O forbol-12-miristato 13-acetato (PMA) foi utilizado como padrão externo, que tem um tempo de retenção de cerca de 23,5 min. Os picos de PEs foram integrados a 280 nm, e a concentração foi expressa como equivalente a PMA. Os picos de PEs surgiram entre 17,5 e 21,5 min e os resultados foram expressos como equivalentes a um padrão de forbol-12-miristato-13-acetato.

A percentagem de éster de forbol (% PE) presente no extrato foi calculada de acordo com a equação 2:

$$\text{Yield PE } (\%) = \frac{mass\ of \text{ phorbol ester in the } extract\ (mg/g)}{mass\ of \text{ phorbol ester in the jatropha } cake\ (mg/g)} x100 \tag{2}$$

A metodologia utilizada para análise de ésteres de forbol a partir de bagaço prensado na etapa de extração com etanol foi adaptada de Makkar, Siddhuraju & Becker (2007) e foram descritas em Pereira et al. (2016). Para a análise por HPLC dos PEs extraídos de CO_2 supercrítico+etanol as análises foram realizadas conforme descrito por Ribeiro et al., (2014).

2.5 . Modelação matemática

2.5.1 Densidade aparente do leito, densidade real das partículas e porosidade do leito

A densidade aparente do leito (*ρa*) foi calculada dividindo-se a massa da matéria-prima utilizada para embalar o leito pelo volume do leito presente no extrator. A densidade real das partículas (*ρr*) foi determinada por picnometria com gás hélio na Pontifícia Universidade Católica do Rio de Janeiro, utilizando um hidrómetro (Micrometrics, modelo Multivolume Pycnometer 1305, Norcross, USA). A porosidade do leito foi determinada de acordo com a

Equação 3:

$$\varepsilon = \frac{V_1 - V_S}{V1}$$

(3)

em que ε é a porosidade do leito, *V1* é o volume ocupado pelo leito e Vs é o volume de partículas e de vazios.

2.5.2 Cálculo da densidade do solvente

Os dados de densidade de CO_2 foram obtidos por interpolação utilizando dados da literatura (ANGUS et al., 1976).

2.5.3 Cálculo do caudal de solvente

O caudal volumétrico de CO_2 foi determinado com o auxílio de um fluxímetro e de um rotâmetro à saída do extrator, em condições normais de temperatura e pressão (NTP). O cálculo do caudal volumétrico de CO_2 nas condições de temperatura e pressão no interior do extrator foi efectuado utilizando as densidades dos gases nas condições ambiente e de processo, de acordo com a Equação 4:

$$Q = \frac{Q_{atm}\ x\ \rho_{\ CO2,atm}}{\rho_{y\ (P,T)}}$$

(4)

em que Q é o caudal volumétrico de CO_2 nas condições de extração (m^3/s), Q_{atm}

é o caudal volumétrico de CO_2 nas condições ambiente (m3/s), P $_{,c\theta 2atm}$ é a massa específica de CO_2 nas condições ambiente (kg/m3) e ρy $_{(P,T)}$ é a massa específica de CO_2 nas condições de extração (kg/m3).

2.5.4 Previsão das propriedades físico-químicas dos ésteres de forbol extraídos da torta *de Jatropha curcas* L.

A compreensão do comportamento das substâncias envolvidas em processos químicos industriais durante o equilíbrio de fases é necessária para o seu desenvolvimento e otimização. No entanto, os dados experimentais nem sempre estão disponíveis na literatura, e podem ser caros e demorados para serem determinados experimentalmente. Técnicas de contribuição de grupo, geralmente simples e rápidas, são amplamente utilizadas para estimar as propriedades de certas substâncias (MARRERO e GANI, 2001).

Para a estimativa das propriedades de compostos puros, vários métodos de contribuição de grupos têm sido relatados na literatura, tais como Joback e Reid (1987), Lydersen (1955), Ambrose (1978), Klincewicz e Reid (1984) e Constantinou e Gani (1984), entre outros. Nestes métodos, a propriedade de um composto é uma função dos parâmetros estruturais determinados pela soma da freqüência com que cada grupo aparece na molécula do composto estudado.

No presente estudo, as propriedades físico-químicas dos ésteres de forbol foram previstas, devido à ausência destes dados na literatura. O método de Constantinou e Gani (1994) foi utilizado para prever a temperatura de ebulição, a temperatura crítica, a pressão crítica e o fator acêntrico, apresentados na Tabela 2.

Tabela 2. Propriedades críticas dos ésteres de forbol extraídos da torta *de Jatropha curcas* L.

Properties	
Boiling temperature (K)	696.07
Critical temperature (K)	877.36
Critical Pressure (Bar)	21.95
Acentric factor	1.07
A	12.1529
B	5679.875
C	249.002

A solubilidade dos ésteres em CO_2 supercrítico foi prevista pela equação de estado cúbica de Peng e Robinson (1976) com a regra de mistura original, acoplando o modelo UNIFAC à regra de mistura LCVM (Boukouvalas et al., 1994), na sua forma preditiva. Esta última é uma combinação linear das regras de mistura de Michelsen (1990) e Huron-Vidal (1979), variando o parâmetro lambda (λ) a pressões que variam de 100 a 500 bar e temperaturas que variam de 40 a 100 °C. As condições para o processo de extração foram definidas após esta etapa. A solubilidade mais elevada foi obtida a 40 °C e 300 bar, com um lambda de 0,99. Verificou-se que a solubilidade aumenta com o aumento da pressão, a uma temperatura constante.

Analisando as concentrações de ésteres de forbol encontradas na torta bruta (1,97 mg/g), e a percentagem de ésteres extraídos (23%), é possível observar que a melhor condição de operação (500 bar e 70 °C) não foi capaz de remover os ésteres de forbol a um nível aceitável de 0,11 mg/g para que a torta fosse considerada não tóxica.

Foram propostos diferentes tratamentos químicos e físicos para a desintoxicação da Jatropha, com o objetivo principal de aplicar o bagaço, rico em proteínas, como recurso na alimentação animal. Por exemplo, em comparação com a extração por solventes orgânicos, após tratamento térmico (121 °C) e lavagem com metanol a 92%. Aregheore, Becker e Makkar (2003) obtiveram um bagaço não tóxico contendo 0,09 mg/g de ésteres de forbol, enquanto Kumar, Makkar e Becker (2010) conseguiram remover completamente estes compostos; o seu bagaço bruto continha uma concentração inicial de 1,8 mg/g de ésteres de forbol, enquanto o bagaço processado, obtido após extração com éter de petróleo, submetido a tratamento com solventes e autoclavado a 121 °C durante 15 minutos, não continha quantidades detectáveis destes compostos.

No entanto, os processos propostos não revelam grandes progressos e não referem a viabilidade económica destes processos. Os ésteres de forbol, apesar de terem um efeito tóxico, são também conhecidos pelas suas actividades antimicrobianas e antitumorais, indicando o seu grande potencial para serem utilizados como um produto de elevado valor acrescentado.

CAPÍTULO 3

3. RESULTADOS E DISCUSSÃO

Os resultados dos modelos de transferência de massa aqui aplicados são apresentados de seguida. A estimativa do modelo de transferência de massa de Esquivel et al. (1999),

Os parâmetros dos modelos de Reverchon & Osseo (1994) e Zekovic et al. (2003) foram obtidos utilizando o pacote de software Statistica®.

Para o modelo de Esquivel et al. (1999), o rendimento (*e%*) foi calculado de acordo com a Equação 5. Para o cálculo da base livre de soluto, considerou-se a quantidade de ésteres de forbol no bagaço bruto (1,97 mg/g).

$$e\% = \frac{Mass\ of\ the\ extract}{free\ solute\ charge\ mass} x\ 100$$

(5)

Todos os modelos foram analisados de acordo com o desvio relativo médio (MRD%), calculado através da Eq. (), sendo Nexp o número de pontos experimentais, o rendimento experimental eexperimental e ecalculado o rendimento calculado ou previsto pelo modelo.

Os valores dos parâmetros estimados e os respectivos desvios para o modelo de Esquivel et al. (1999) são apresentados na Tabela 3.

Tabela 3. Parâmetros modelares (e_{lim}, b) e experimentais e erros percentuais relativos à modelação do processo de extração de ésteres de forbol da torta *de Jatropha curcas* aplicando o processo de CO2 supercrítico.

Temperature	P (bar)	E_{exp}	e_{lim}	b	e_{mod}	Deviation %
70	100	0.6503	0.8643	4947.47	0.6780	6.36
50	160	2.7644	16.5723	116152.0	2.8890	8.82
90	160	2.1262	2.7364	5755.8	2.0730	6.74
40	300	2.3506	8,1384	45620.6	2.3026	7.92
70	300	3.8446	26212.0	1.85E8	3.3930	17.20
98	300	2.1292	16813.0	16813.0	2.1403	11.86
50	440	7.9867	37.3003	9.42E7	7.8541	7.80
90	440	7.2653	40.5703	89979.7	7.3863	3.66
70	500	9.3534	15.0426	107823.3	9.1140	3.42

O parâmetro elim é definido como a quantidade máxima de óleo possível numa dada matriz, numa determinada condição operacional. Neste caso, os valores de elim foram próximos das condições de operação, exceto a 70 °C e 98 °C a 300 bar, onde os valores observados não correspondem aos valores obtidos experimentalmente. Ao contrário do que foi observado por Esquivel et al. (1999), o elim variou com a temperatura e a pressão.

Silva et al. (2008) também utilizaram o modelo proposto por Esquivel et al. (1999) para modelar os dados experimentais obtidos na extração do óleo de macadâmia, que apresenta o mesmo perfil de ácidos graxos do pinhão-manso. Segundo estes autores, o modelo proposto representou adequadamente o processo inicial de extração, mas os desvios foram elevados, o que pode ser explicado pelos poucos dados experimentais utilizados para modelar a transferência de massa.

Relativamente ao modelo de Sovova (1994), é necessário introduzir as variáveis de entrada de cada condição operacional para modelar as curvas de extração. Essas variáveis foram as seguintes: quantidade máxima possível de sólidos extraídos, base livre de soluto, massa extraída no primeiro ponto, densidade do fluido, densidade do soluto, porosidade, vazão volumétrica e vazão mássica. Para cada curva, os parâmetros necessários para cada condição operacional foram estimados por tentativa e erro, obtendo-se assim as curvas e o desvio relativo para cada uma delas. Estes dados são apresentados na Tabela 4.

Tabela 4. Parâmetros do modelo e desvios relativos para cada condição de funcionamento

Temperature (ºC)	Pressure bar	K_{fa0}	K_{sa0}	X_k	RD (%)
70	100	0.0633000	0.0002312	0.67200*x_0	6.36
50	160	0.0006730	0.0000906	0.90803*x_0	6.16
90	160	0.0400000	0.0000980	0.52100*x_0	8.09
40	300	0.0004957	0.0000636	0.74700*x_0	7.39
70	300	0.0004995	0.0079000	0.97000*x_0	7.23
98	300	0.0011800	0.0002300	0.74600*x_0	8.58
70	500	0.9000000	0.0000999	0.81100*x_0	5.86

A curva que melhor se ajustou aos dados e apresentou o menor erro relativo foi na condição de operação de 70 °C e 500 bar, com desvio relativo de 5,86%. O modelo Sovova não representou adequadamente as curvas de extração obtidas a 50 °C e 90 °C a 440 bar, embora os RDs tenham sido baixos e se comportado de forma semelhante aos do modelo de Esquivel et al. (1999).

As Figuras 4 a 10 apresentam as curvas cinéticas experimentais e as previstas pelos modelos matemáticos aplicados na avaliação das condições de funcionamento do presente estudo.

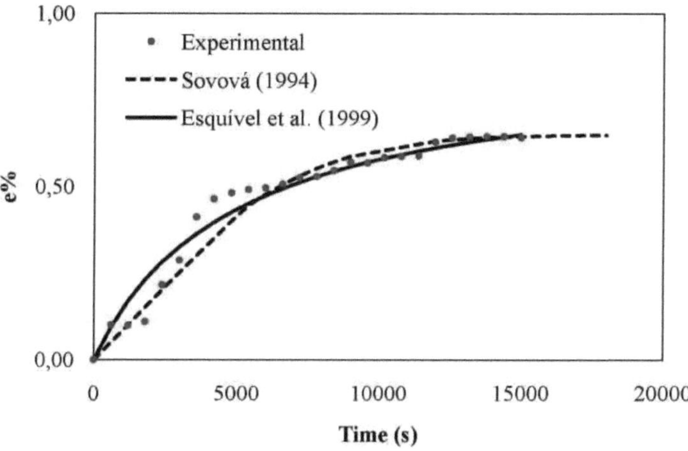

Figura 4. Curvas de extração experimental e prevista de *Jatropha curcas* a 70 °C e 100 bar

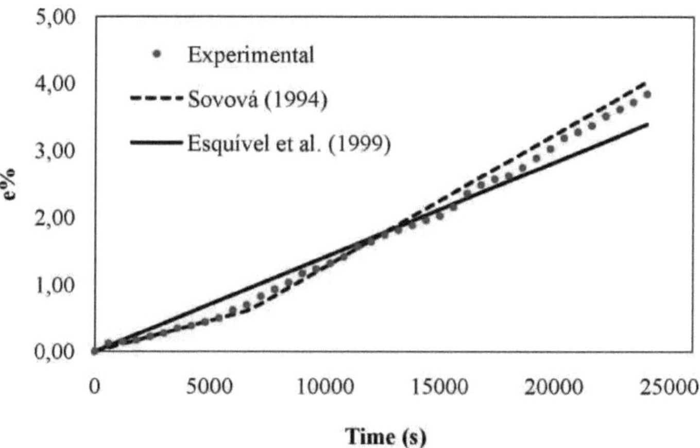

Figura 5. Curvas de extração experimental e prevista de *Jatropha curcas* a 70 °C e 300 bar

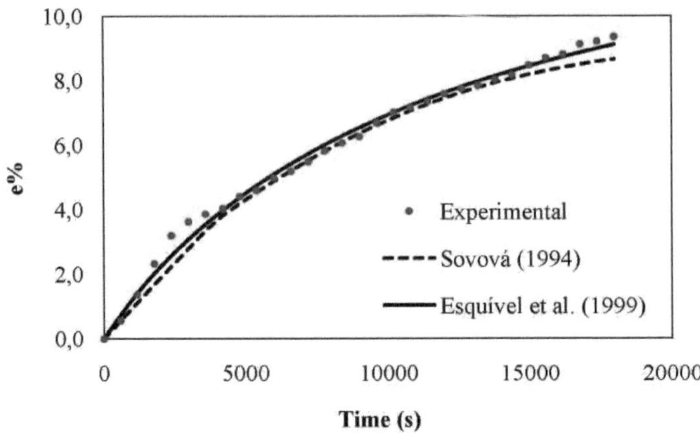

Figura 6. Curvas de extração experimental e prevista de *Jatropha curcas* a 70 °C e 500 bar

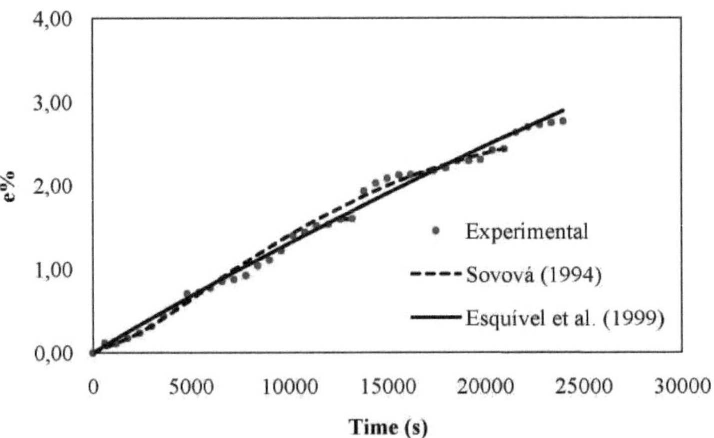

Figura 7. Curvas de extração experimental e prevista de *Jatropha curcas* a 50 °C e 160 bar

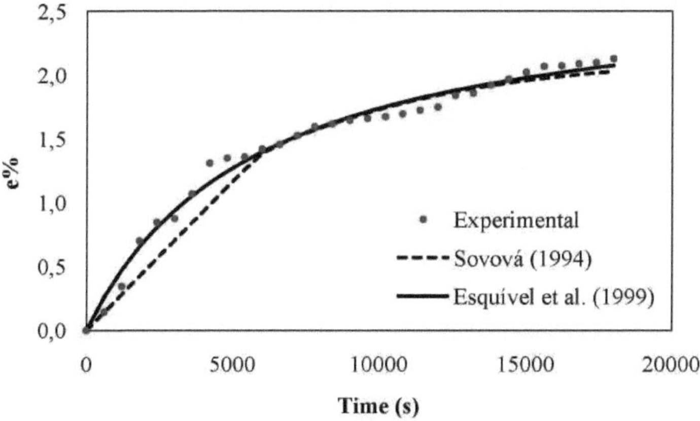

Figura 8. Curvas de extração experimental e prevista de *Jatropha curcas* a 90 °C e 160 bar

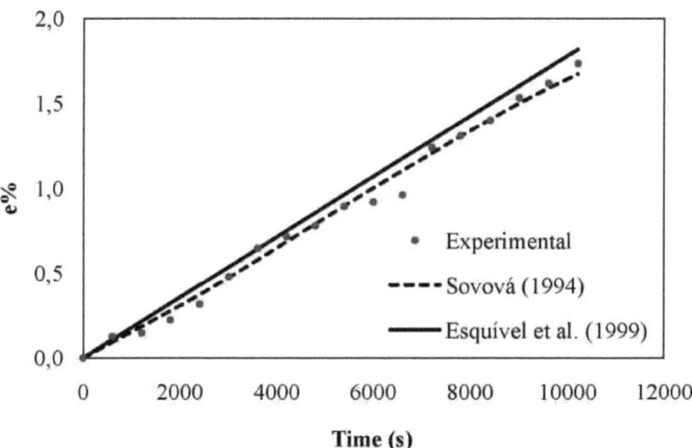

Figura 9. Curvas de extração experimental e prevista de *Jatropha curcas* a 98 °C e 300 bar

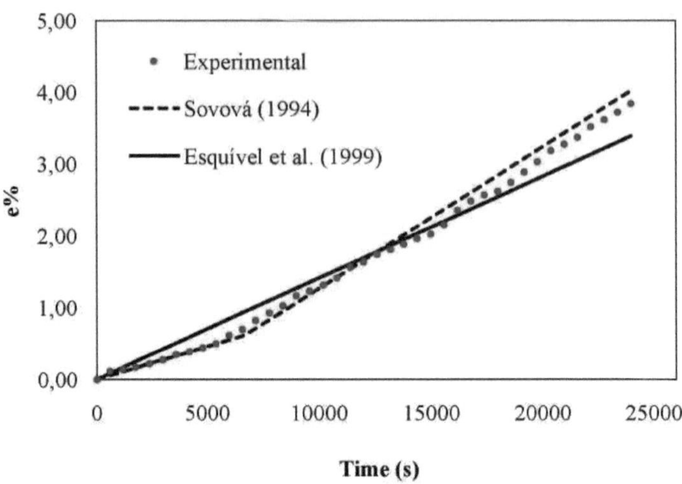

Figura 10. Curvas de extração experimental e prevista de *Jatropha curcas* a 40 °C e 300 bar

As curvas previstas pelos modelos representaram adequadamente os dados experimentais, especialmente durante a fase de extração constante. Na fase descendente e de difusão, as curvas simuladas apresentaram apenas pequenos desvios em relação aos pontos experimentais, indicando que as considerações tidas em conta para a determinação de X0 e, consequentemente, de Xp e x_k, eram válidas para todas as condições experimentais.

Para os modelos de Reverchon & Osseo (1994) e Zekovic et al. (2003), o rendimento normalizado ($NY_{calculado}$ %) e o desvio (MRD%) foram calculados através das Equações 13 e 20, respetivamente. Os rendimentos e respectivos desvios dos modelos são apresentados nos Quadros 5 e 6.

Tabela 5. Rendimento normalizado, parâmetros e desvios relativos para o modelo de Reverchon & Osseo (1994) em diferentes condições de pressão e temperatura.

Temperature (ºC)	Pressure (bar)	NY(%) (%)	t_i (h)	MRD (%)
70	100	96.06	0.66	12.44
50	160	83.35	1.22	21.35
90	160	96.03	0.56	6.72
40	300	82.22	0.33	12.60
70	300	72.61	3.69	26.89
98	300	70.44	0.85	16.84
50	440	76.77	1.04	16.59
90	440	83.50	1.81	12.00
70	500	91.71	1.80	6.02

Tabela 6. Rendimento normalizado, parâmetros e desvios relativos para o modelo de Zekovic et al. (2003) em diferentes condições de pressão e temperatura.

Temperature (ºC)	Pressure (bar)	NY (%)	a	b	MDR (%)
70	100	97.96	-1.09	0.29	6.21
50	160	85.69	-0.31	0.13	19.30
90	160	95.76	-0.62	-0.02	7.84
40	300	83.12	-0.36	0.04	13.47
70	300	74.88	-0.23	0.16	23.53
98	300	79.83	-0.62	0.18	11.73
50	440	79.14	-0.24	0.08	19.65
90	440	81.36	-0.25	0.01	11.15
70	500	91.73	-0.50	0.001	5.94

As figuras 11, 12 e 13 apresentam os modelos de Reverchon & Osseo (1994) e Zekovic et al. (2003) para os resultados obtidos experimentalmente.

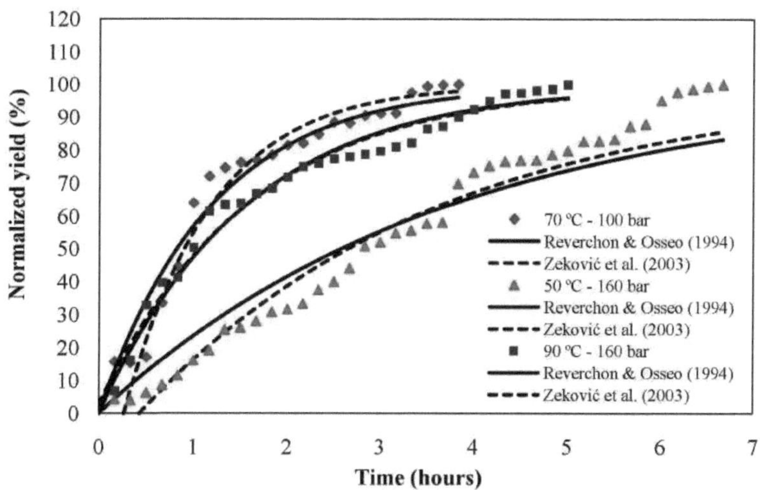

Figura 11. Curvas de extração de *Jatropha curcas* experimentais e previstas por Reverchon & Osseo (1994) e Zekovic et al. (2003) a 70 °C e 100 bar, 50 °C e 160 bar e 90 °C e 160 bar

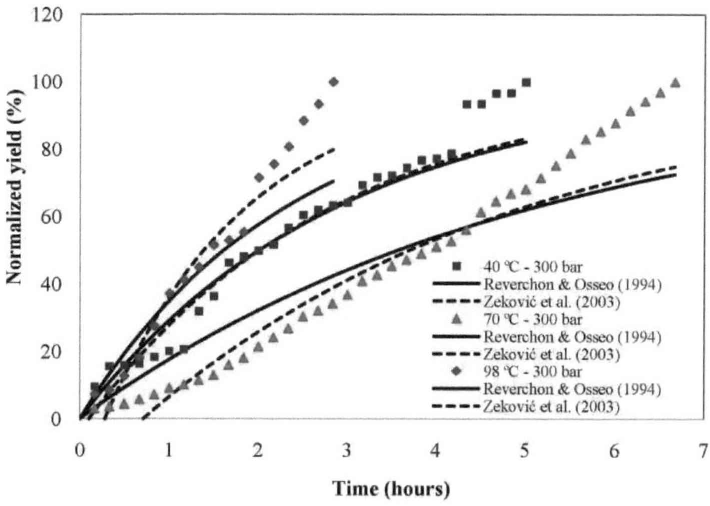

Figura 12. Curvas de extração experimentais e as previstas pelos modelos de Reverchon & Osseo (1994) e Zekovic et al. (2003) a 40 °C a 300 bar, 70 °C a 300 bar e 98 °C a 300 bar

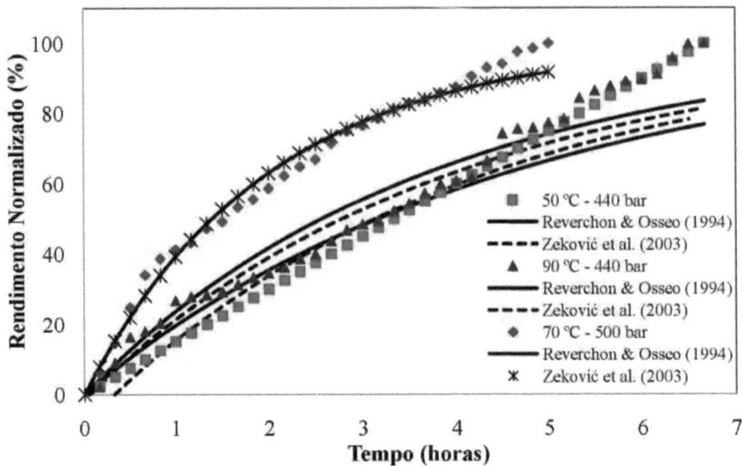

Figura 13. Curvas de extração experimentais e as previstas pelos modelos de Reverchon & Osseo (1994) e Zekovic et al. (2003) a 50 °C a 440 bar, 90 °C a 440 bar e 70 °C a 500 bar

Os rendimentos totais, apresentados na equação 1, para cada condição operacional foram mostrados na Tabela 7.

Tabela 7. Rendimentos dos extractos de bagaço *de Jatropha* com CO2 supercrítico

Temperature (°)	70	50	90	40	70	98	50	90	70
Pressure (bar)	100	160	160	300	300	300	440	440	500
Yield (%)	0.65	2.76	2.01	2.35	3.83	2.12	7.97	7.25	9.33

De acordo com os resultados, os melhores rendimentos foram obtidos a pressões elevadas e as melhores condições de extração foram obtidas a 70 °C e a uma pressão de 500 bar, com um rendimento de 9,33%. O rendimento acumulado em função do tempo de extração pode ser visto na Figura 14. O tempo de extração foi diferente de uma condição para outra, de acordo com a saturação da matéria-prima: 200 minutos para 98 °C a 300 bar, 300 minutos para 70 °C a 100 bar, 90 °C a 160 bar, 40 °C a 300 bar, 70 °C a 500 bar e 400 minutos para 50 °C e 160 bar, 70 °C a 300 bar, 50 °C a 440 bar e 90 °C a 440 bar. Observou-se que o rendimento aumenta com o aumento da pressão, e pressões mais altas (300, 440 e 500 bar) tiveram melhores rendimentos quando comparadas com as mais baixas (100 e 160 bar).

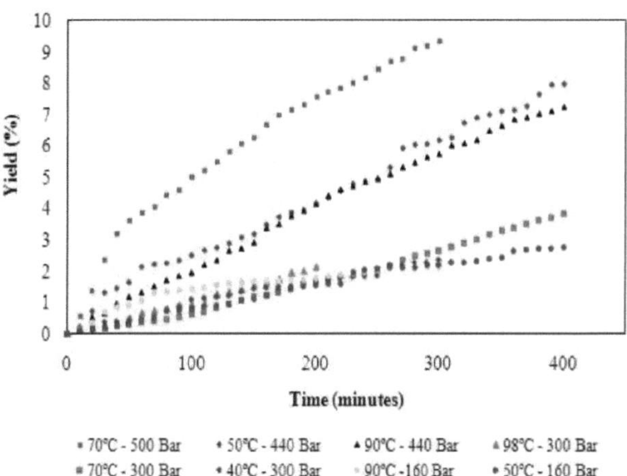

Figura 14. Curvas de extração de extractos da torta de Jatropha com CO_2 supercrítico

De acordo com a Figura 14, quando a temperatura aumenta, a uma pressão constante (300 bar), o rendimento também aumenta. O comportamento ocorreu porque a pressão de vapor do soluto também aumentou com a temperatura, minimizando o efeito da densidade do solvente. A 160 bar, observou-se um comportamento cruzado entre as curvas de 50 °C e 90 °C, mostrando os efeitos competitivos da densidade e da pressão de vapor do soluto na eficiência da extração.

É importante notar que a Tabela 7 e a Figura 14 mostram o rendimento total da extração, o que não representa o rendimento do PE para cada condição operacional. Apenas a última fração extraída de cada condição operacional foi analisada para quantificar a concentração de ésteres de forbol.

Em primeiro lugar, foi analisado o conteúdo de PE no bolo de sementes não tratado. O resultado da HPLC indicou que o teor total de PE era de 1,97 mg/g. Os extractos obtidos com extração supercrítica em diferentes condições foram analisados para melhor quantificar o teor de PEs por HPLC. Os resultados apresentados na Tabela 8 são a média das análises por HPLC efectuadas em triplicado.

A Tabela 8 mostra que as extrações a 70 °C/500 bar e 50 °C/440 bar foram capazes de remover 22,19% e 23,03% do PE presente no bagaço das sementes, respetivamente. O cromatograma de HPLC da melhor condição de extração (70 °C e 500 bar) é mostrado na Figura 15 e indica quatro picos, representando os derivados de PE, entre os tempos de retenção de 17 e 21,5 minutos.

Tabela 8. Rendimentos de PEs a partir de bagaço *de Jatropha* extraído com CO2

Run	Temperature (°C)	Pressure (bar)	PE (mg/g cake)	Yield PE (%)
1	50	160	0.1639	8.32
2	90	160	0.0508	2.58
3	50	440	0.4536	23.03
4	90	440	0.3812	19.35
5	40	300	0.1761	8.94
6	98	300	0.1057	5.36
7	70	100	0.0640	3.25
8	70	500	0.4370	22.19
9	70	300	0.2230	11.32
10	70	300	0.1355	6.88
11	70	300	0.1860	9.44

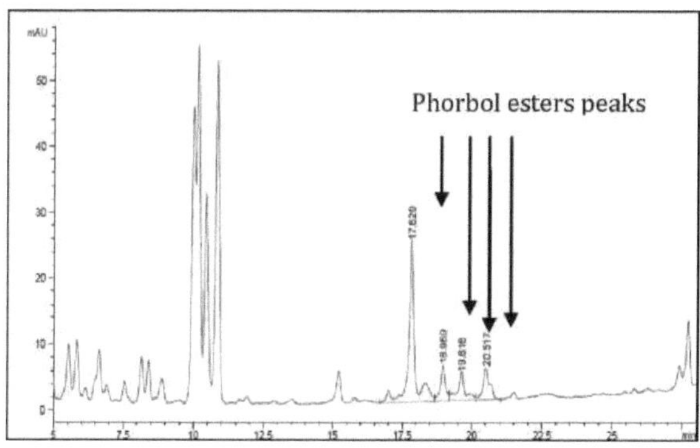

Figura 15. Perfil HPLC do extrato obtido a 70 °C e 500 bar da prensa de bagaço de pinhão-manso

Como o teor de ésteres de forbol na torta de sementes não tratada é de 1,97 mg/g e a percentagem extraída foi de 23%, pode concluir-se que a melhor condição operacional (500 bar, 70°C e 300 minutos) não foi capaz de remover os ésteres de forbol para um nível tolerável de 0,11 mg/g, de acordo com Makkar e Becker (1999). No entanto, a melhor condição de temperatura e pressão (500 bar e 70 °C) foi utilizada para simular a aplicação de dióxido de carbono supercrítico na extração de PEs até à desintoxicação do bolo.

Os restantes cromatogramas referentes às outras condições analíticas são apresentados no Apêndice A.

Como explicado acima, foi utilizado um projeto rotativo composto central (CCRD) para avaliar os rendimentos de PE extraídos. A influência das duas variáveis independentes (temperatura e pressão) foi investigada estatisticamente com um nível de confiança de 95 % ($p \leq 0,05$). Os coeficientes lineares e quadráticos das variáveis estudadas e suas interações, o erro padrão, a significância de cada coeficiente determinada pelo valor p e os valores da análise de variância (ANOVA) estão listados na Tabela 9. Os valores de p dos coeficientes de regressão sugerem que apenas a pressão, como fator linear, foi significativa ($p \leq 0,05$). Este resultado corroborou os resultados experimentais apresentados na Fig.3, onde as melhores condições operacionais ocorreram a pressões mais elevadas. Além disso, a análise estatística dos dados experimentais mostrou que a pressão teve um efeito significativo na remoção de PE. Foi estabelecido um modelo de primeira ordem (Equação 6) baseado na ANOVA que descreveu o rendimento dos PEs extraídos:

$$Y = 9.19 + 7.29\, x_2 \qquad (6)$$

em que Y é o rendimento dos PEs e x2 é a pressão.

Tabela 9. Coeficientes de regressão do CCRD e análise de variância

Factors	Regression coefficient	Standard deviation	*p* – value
Constant	9.19	1.29	0.0190
(x_1) Temperature (L)	-1.81	0.79	0.1483
Temperature (Q)	-0.18	0.94	0.8654
(x_2) Pressure (L)	7.29	0.79	0.0115
Pressure (Q)	2.62	0.94	0.1085
Temperature by Pressure	0.51	1.11	0.6894

ANOVA

	Sum of squares	Degrees of freedom	Mean sum of squares	F-value
Regression	429.73	1	429.73	37.32
Residue	103.62	9	11.51	
Total	533.35	10		

Observou-se na Tabela 9 que o fator F calculado foi superior ao tabelado, demonstrando que o modelo é representativo e, por isso, é possível obter uma superfície de resposta. A Figura 16 mostra a superfície de resposta que ilustra o rendimento da extração em função da temperatura e da pressão.

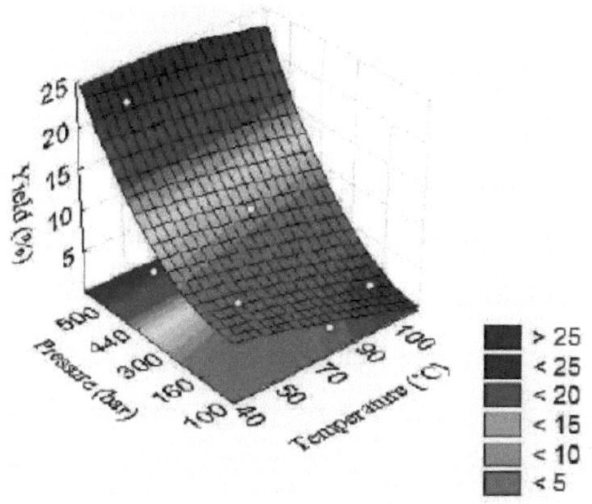

Figura 16. Superfície de resposta relativa à concentração de PE em função da temperatura e da pressão

Analisando a superfície de resposta gerada pelo modelo de primeira ordem, observa-se uma região optimizada a pressões mais elevadas. Os dados indicam que, a qualquer temperatura, o rendimento da extração e consequentemente a concentração de PEs aumentam com o aumento da pressão.

Os resultados de eficiência não podem ser comparados com outro trabalho porque não foram encontrados na literatura trabalhos semelhantes relativos à extração de PEs da torta *de Jatropha curcas* com dióxido de carbono supercrítico. Apenas foi encontrado um trabalho semelhante que utilizou dióxido de carbono supercrítico como solvente na extração de óleo de sementes de jaca *Pithecellobium jiringan* (Norulaine et al., 2011) que também continha PEs. Os autores identificaram um total de 44 componentes, incluindo o 4a-Phorbol 12, 13-didecanoato a 48,26 MPa e 70 °C. Embora as matérias-primas fossem diferentes, é possível comparar as condições de temperatura e pressão mais elevadas aplicadas.

Além disso, foi investigada a aplicação de etanol como co-solvente na extração com fluido supercrítico para remover os ésteres de forbol do bagaço de Jatropha. A concentração de ésteres de forbol no bagaço em bruto foi de 1,31 mg/g. A diferença na concentração de ésteres do bagaço de Jatropha pode dever-se ao tempo de armazenamento. Nesta fase, as sementes foram armazenadas durante um período de 12 meses. A Tabela 10 apresenta o rendimento em ésteres do extrato, bem como o teor e a remoção de éster de forbol após a extração, utilizando etanol como co-solvente. O rendimento foi determinado pela relação entre a massa de ésteres presente no extrato e a massa de ésteres presente no bolo alimentado ao extrator.

Tabela 10. Resultados do rendimento em éster de forbol (PE) antes e depois da extração com CO_2 supercrítico utilizando etanol como co-solvente

Operational conditions	PE yield in the extract (%)	PE content in the residual cake after SCFE (mg/g)	Phorbol ester removal in the cake (%)
40 °C – 300 bar + ethanol	10.6	0.91	30.5
70 °C – 300 bar + ethanol	20.8	0.94	28.2
50 °C – 440 bar + ethanol	15.4	0.92	29.8
90 °C – 440 bar + ethanol	27.7	0.78	40.4
70 °C – 500 bar + ethanol	18.9	0.51	61.1
70 °C – 500 bar + ethanol	5.6	1.32	3.1

Comparando as extracções com dióxido de carbono e com co-solvente, os extractos obtidos com o co-solvente apresentaram concentrações mais elevadas de ésteres de forbol, com a condição óptima de extração a 70 °C e 500 bar, removendo 61% da concentração inicial de ésteres presente no bolo após 5 horas de extração.

Apesar do aumento do rendimento de ésteres de forbol, o teor residual de ésteres na matéria-prima (0,51 mg/g) não está dentro do nível aceitável recomendado por Makkar et al., (1997). O nível aceitável é de 0,11 mg/g para que o bolo seja considerado atóxico. No entanto, a extração foi mais eficaz quando comparada com o processo de extração supercrítica sem a adição do co-solvente.

A figura 17 mostra o cromatograma de HPLC obtido para o extrato obtido na melhor condição de extração de 70 °C e 500 bar.

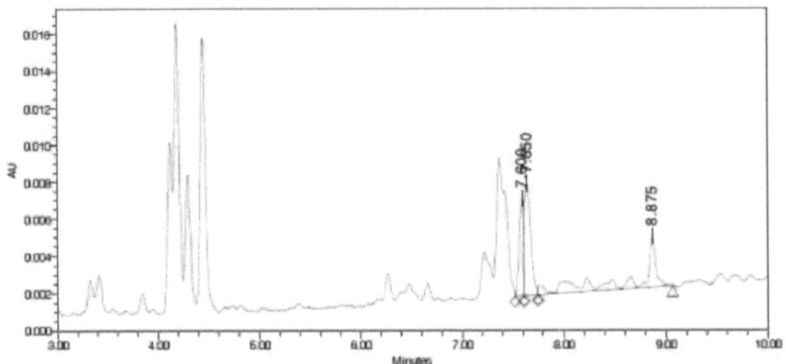

Figura 17. Perfil de HPLC do extrato obtido a 70° C e 500 bar a partir da extração por prensagem do bagaço de Jatropha com etanol como co-solvente

Embora os estudos encontrados na literatura tenham como objetivo a desintoxicação da torta de Jatropha, o interesse no éster de forbol não está apenas relacionado com a sua atividade tóxica; os ésteres de forbol purificados podem ser convertidos ou transformados quimicamente em compostos não tóxicos com actividades benéficas.

Alguns estudos relataram o uso de etanol para remover os ésteres de forbol do pinhão-manso. Saetae & Suntornsuk (2011) utilizaram etanol para a desintoxicação de sementes de Jatropha, concluindo que os ésteres de forbol podem ser total ou parcialmente removidos por extração com etanol. Cruz

(2012) extraíram óleo da torta de Jatropha com etanol para remover ésteres de forbol. A concentração inicial de ésteres de forbol de 5,93 mg/g na torta prensada foi reduzida para 0,015 mg/g após 4 extrações em escala laboratorial e 0,017 mg/g após 5 extrações em contracorrente em escala piloto. Estes dados corroboram o efeito positivo do etanol na extração de ésteres de forbol.

Os outros cromatogramas referentes às outras condições analíticas são apresentados no Apêndice B.

CAPÍTULO 4

4. AVALIAÇÃO ECONÓMICA

Os resultados mostraram que a pressão teve o efeito de aumento mais significativo no rendimento do éster de forbol. Foram efectuadas simulações da extração de ésteres de forbol da torta de Jatropha curcas utilizando o SuperPro Designer 9.0 para avaliar os custos de produção de um processo industrial para tratar a quantidade necessária de torta. Foi possível concluir que a extração supercrítica é uma tecnologia promissora que pode ser aplicada para desintoxicar a torta de Jatropha curcas

De acordo com Moraes, Zabot & Meireles (2014) estudos envolvendo aspectos econômicos são necessários para realizar o scale-up de escalas laboratoriais/piloto para escalas industriais. Muitos deles simularam o custo de fabricação (CM) de extratos, em sua maioria obtidos por extração com fluido supercrítico a partir de matérias-primas vegetais e relataram a viabilidade financeira do processo, como extratos antioxidantes de Myrciaria cauliflor (Cavalvanti et al., 2013), alquilamidas de Spilanthes (Veggi et al., 2014), produção de extratos ricos em fenólicos e extração de carotenoides de plantas brasileiras (Prado et al., 2010; Prado et al., 2012).

A extração com fluido supercrítico está associada a elevados custos de investimento (Rosa e Meireles, 2005) e, de acordo com Patel et al. (2006), o soluto extraído utilizando dióxido de carbono supercrítico é significativamente diferente dos seus equivalentes convencionais e os custos de energia neste processo são inferiores aos incorridos na destilação a vapor e na extração por solventes.

O custo de capital mais elevado do equipamento de extração com fluido supercrítico é frequentemente compensado por uma extração mais completa e pela pureza do extrato. Dado que a viabilidade técnica da extração de PEs com dióxido de carbono supercrítico foi assegurada e devido à ausência de trabalhos utilizando este tipo de matéria-prima, foi feita uma avaliação económica para prever o comportamento da extração de um processo que será conduzido numa escala piloto de 42 L, utilizando as melhores condições operacionais de temperatura (70 °C) e pressão (500 bar) obtidas na unidade experimental, até que a torta seja considerada desintoxicada.

O critério de aumento de escala adotado consistiu em manter constante a relação entre a massa de solvente e a massa de alimentação (S/F). Foram utilizadas como referência as curvas de extração globais obtidas em experiências à escala laboratorial, pelo que S/F = 53,6.

O simulador comercial SuperPro Designer v9.0 (Intelligen, Inc) foi utilizado para simular o processo de extração e estimar o custo de produção de ésteres de forbol extraídos com fluido supercrítico até à desintoxicação da torta. Este simulador tem sido utilizado por outros autores para simular processos de extração com fluido supercrítico utilizando diferentes matérias-primas (Prado, 2009; Prado et al., 2009; Prado et al., 2012; Delgado e Pessoa, 2014).

O simulador utilizado para estimar o custo de fabrico (CM) utiliza os métodos baseados em Peters & Timmerhaus (1991) e Turton et al. (2008). Esses métodos englobam a soma do custo fixo de investimento (CIF), o custo de utilidades (CUT), o custo de mão de obra (COL), o custo de matéria-prima (CRM) e o custo de tratamento de resíduos (CWT) envolvidos no processo químico estudado para compor o CM (Prado, 2009).

O processo de extração foi simulado em modo descontínuo utilizando um extrator sólido-líquido presente na base de dados do simulador. O investimento inicial refere-se à aquisição de uma unidade de extração supercrítica composta por bombas, trocadores, extratores e separadores de calor, vasos de pressão, compressor, tubulações, válvulas e acessórios. O custo da planta de extração foi calculado com base no valor de um extrator de 50 L (US$ 540.040,00) fornecido por Zabot et al., (2015) considerando uma taxa de depreciação anual de 10%. O número de funcionários necessários foi de: 3 operadores (US$ 6,90/h), 1 supervisor (US$ 105,00/h), 1 analista de CQ (US$ 84,62/h), sendo o custo de mão de obra estimado pelo banco de dados do simulador (preço 2015).

O custo da torta de pinhão-manso (U$$ 75/ton) foi baseado no valor reportado por Sriram (2012). O custo do CO2 foi considerado US$ 2,65/kg (99,9% de pureza, White Martins), e o solvente é reciclado sem tratamento adicional. O custo de utilidades foi baseado em uma simulação de balanço energético no SuperPro Designer: água US$ 0,050/tonelada métrica e a eletricidade a US$ 0,20/kW.h (Zabot et al. 2015). A receita da fábrica pode consistir em éster de forbol. O custo do éster de forbol foi considerado com base no preço de referência do 12-miristato 13-acetato de forbol a US$ 15/mg (99,9% de pureza, LC Laboratories, US Canada).

Como o teor de ésteres de forbol na torta de sementes não tratada é de 1,97 mg/g e a percentagem extraída foi de 23%, pode concluir-se que a melhor condição operacional (500 bar, 70°C e 300 minutos) não foi capaz de remover os ésteres de forbol para um nível tolerável de 0,11 mg/g, de acordo com Makkar e Becker (1999). No entanto, a melhor condição de temperatura e pressão (500 bar e 70 °C) foi utilizada para simular a aplicação de dióxido de carbono supercrítico na extração de PEs até à desintoxicação do bolo.

Foi efectuada uma simulação preliminar considerando uma situação em que o bolo era considerado desintoxicado e os resultados da simulação indicaram que seria necessário um ciclo de 60 horas para remover 94,92% do éster de forbol. O processo foi projetado para funcionar 7920 h por ano, o que corresponde a 330 dias por ano com turnos contínuos de 24 h por dia, totalizando 132 lotes/ano.

A figura 18 mostra o fluxograma do processo no simulador. Como o teor de éster de forbol no bagaço não tratado é de 1,97 mg/g, a percentagem extraída foi de 23% a 70 °C e 500 bar com 5 horas de tempo de extração. Por conseguinte, tendo em conta os resultados do aumento de escala e da simulação para obter um bagaço de pinhão manso desintoxicado, o balanço de massa do processo é apresentado na Tabela 11.

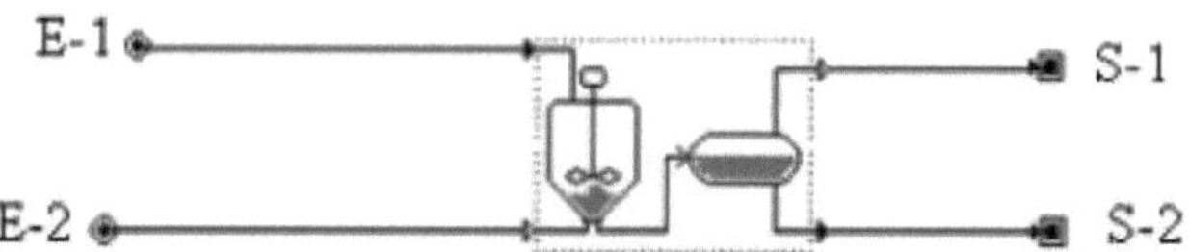

Figura 18. Fluxograma do processo construído no Superpro Designer utilizado para a avaliação económica, E-1: fluxo de bagaço de pinhão-manso, E-2: fluxo de CO2, S-1: fluxo de extrato e S-2: fluxo residual de bagaço de pinhão-manso

Quadro 11. Resumo do balanço global de materiais no extrator por lote

Jatropha cake	10.00 kg
Phorbol ester present in Jatropha cake	0.01970 kg
Phorbol ester extracted	0.01870 kg
Phorbol ester in residual Jatropha cake	0.0010 kg
Phorbol ester yield	94.92 %
Carbon dioxide	536.6 kg
Extraction time	60 hours
Pressure	500 bar
Temperature	70 ºC

A produção anual de éster de forbol foi de 2,47 kg/ano e o nível tolerável de PE de 0,11 mg/g (por lote), de acordo com Makkar e Becker (1999), pôde ser alcançado com a simulação. A torta de sementes pode ser considerada não tóxica com este nível, confirmando a eficiência da metodologia estudada neste trabalho. A Tabela 12 apresenta um resumo do balanço geral de materiais e do consumo de materiais deste processo.

Quadro 12. Balanço global e consumo de materiais

Bulk Material	Annual Amount (kg)	kg/batch	Unit Cost (US$)	Annual Cost (US$)
Carbon Dioxide	70,831.00	536.60	2.65	187,703.00
Jatropha Cake	1,320.00	10.00	0.075	99.00

A Tabela 13 mostra os resultados da avaliação económica. Para uma planta com essa capacidade (42 L), o investimento total de capital é de US$ 5,5 milhões/ano. Assumindo um preço de venda de US$ 15,00/mg, o projeto rende uma taxa interna de retorno (TIR) de 145,86% após os impostos e um valor presente líquido (VPL) em torno de US$ 133 milhões (assumindo uma taxa de desconto de 7%). O VAL é um indicador do valor que um investimento acrescenta ao sector. Neste caso, o VAL é positivo, o que significa que o investimento acrescentaria valor à indústria e, por conseguinte, o projeto é economicamente viável e pode ser aceite e implementado. Com base nestes resultados, este projeto representa um investimento atrativo. É importante referir que esta unidade industrial pode ser utilizada com outras matérias-primas para a extração de diferentes componentes de elevado valor agregado.

Quadro 13. Principais resultados da avaliação económica

Total Investment (US$)	5,533,000.00
Operating Cost (US$) /yr	4,906,000.00
Revenues (US$) /yr	37,026,000.00
Cost Basis Annual Rate Kg/yr	2,47
Unit Production Cost USS/mg phorbol ester	1.99
Gross Margin (%)	86.75
Return On Investment (%)	355.20
Payback Time (years)	0.28
IRR After Taxes%	145.86
NPV at (7.00 %) US$	133,069,000.00

A taxa interna de rentabilidade (TIR) é comparada com a taxa mínima de rentabilidade atractiva (TMAR) ou com o custo de capital da empresa. O critério de decisão para aceitar o projeto é ter uma TIR maior ou igual ao mínimo aceitável (Mendes et al., 2005). O critério de avaliação da TIR neste estudo foi que esta seja igual ou superior a 25% ao ano. Foi efectuado um estudo de sensibilidade variando o preço de venda do éster de forbol em relação aos custos totais. A influência do preço na taxa interna de rendibilidade das receitas totais e no tempo de retorno do investimento é apresentada na Figura 19. A Figura 20 mostra os custos e os lucros em função da taxa de produção do éster de forbol. O ponto de equilíbrio foi calculado em função dos custos fixos diretos, dos custos variáveis e das receitas. O ponto de equilíbrio situa-se, na figura, aproximadamente a 13% da taxa de produção. Isto significa que se a fábrica funcionar acima desta taxa de produção, os lucros são superiores aos custos totais de produção.

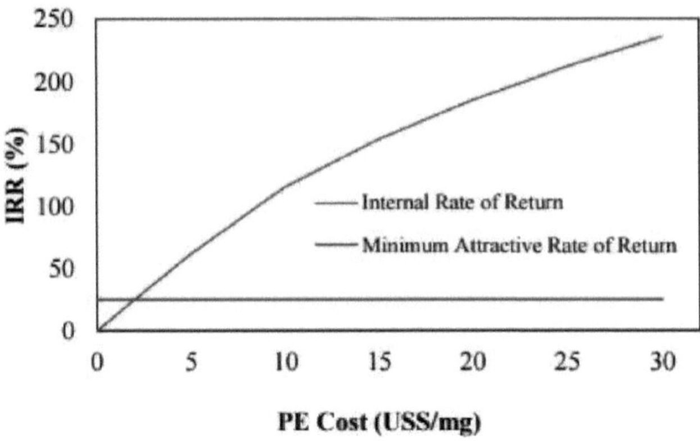

Figura. 19. Influência do custo do PE na taxa interna de rendibilidade

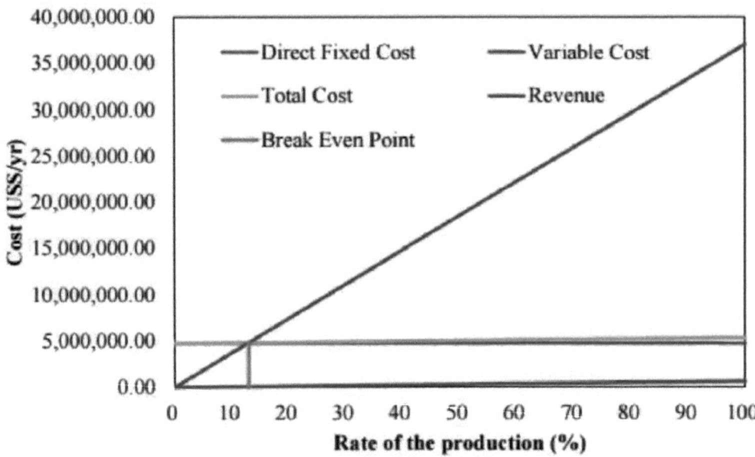

Figura 20. Variação dos custos e do lucro em função da taxa de produção da fábrica

CAPÍTULO 5

5. CONCLUSÕES

Foi estudada a avaliação técnica do fluido supercrítico para extrair PEs da torta *de Jatropha curcas*. Os experimentos foram feitos aplicando um planejamento experimental estatístico, mostrando que os melhores resultados ocorreram a 70 °C e 500 bar com o rendimento de 9,33%. Foi observado que o rendimento aumenta com o aumento da pressão e uma análise estatística corroborou este comportamento. A extração por fluido supercrítico com dióxido de carbono foi eficaz na recuperação do PE da torta *de Jatropha curcas* em cerca de 23,0%.

Utilizando etanol como co-solvente, o melhor resultado foi obtido na condição operacional de 70 °C e 500 bar após 5 horas de extração, removendo 61% da concentração inicial de ésteres de forbol no bagaço de Jatropha. A extração de ésteres de forbol da torta de Jatropha oferece novas oportunidades para a utilização de compostos fitoquímicos altamente bioactivos e a sua utilização em aplicações agrofarmacêuticas, o que pode aumentar ainda mais a rentabilidade e a viabilidade económica de uma biorrefinaria de Jatropha.

O Superpro Designer também foi utilizado para simular o custo operacional da torta utilizando o tratamento químico descrito por Guedes et al. (2014) para comparar os custos do processo. A destoxificação da torta de sementes foi obtida com aparelho soxhlet, reduzindo o teor de PE em 97,30% (0,10 mg/g) utilizando metanol, tempo de extração de 8 horas e relação soluto/solvente de 1:10 (p/v). A simulação em Soxhlet considerou uma configuração industrial com três extratores de 42 L. Os resultados mostraram que a extração em Soxhlet apresentou maior custo operacional US$

13.197.000,00/ano em comparação com o custo operacional da extração com fluido supercrítico (US$ 5.533.000,00/ano).

O dióxido de carbono em estado supercrítico é um solvente promissor para processos químicos ecológicos devido às suas caraterísticas como a não toxicidade, a não inflamabilidade e a não explosividade. O custo da separação do extrato não foi considerado no modelo de simulação. No entanto, os resultados obtidos foram satisfatórios. Mais estudos devem ser realizados para aumentar a eficácia deste processo, como por exemplo, a investigação da separação fraccionada dos extractos.

Agradecimentos:

Os autores gostariam de agradecer à Embrapa Agroenergia (Brasília, Brasil) pela análise e à FAPERJ pelo apoio financeiro.

REFERÊNCIAS

ADERIBIGBE, A.O.; JOHNSON, C.O.L.E.; MAKKAR, H.P.S.; BECKER, K.; FOIDL, N. Composição química e efeito do calor na degradabilidade da matéria orgânica e do azoto e em alguns componentes antinutricionais da farinha de Jatropha. **Animal Feed Science Technology** v. 67, p. 223-243, 1997.

AKGERMAN, A. C., ERKEY, C. & GHOREISH, S. M. Extração supercrítica de hexaclorobenzeno do solo. **Ind. Chem. Res,** v. 31, p. 333-339, 1992.

AMBROSE D. Correlação e estimativa das propriedades críticas vapor-líquido. I. Temperaturas críticas de compostos orgânicos. National Physical Laboratory, Teddington, Reino Unido, NPL Report Chem., 92, setembro de 1978.

ANGUS, S., B. ARMSTRONG, K.M. DE REUCK, **International Thermodynamic Tables of the Fluid State** - Carbon Dioxide, Pergamon Press, Oxford, UK,1976.

ARAUJO, F.D. S., MOURA, C. V. R.., CHAVES, M. H. **Caracterizaçao do oleo e biodiesel de pinhao manso (*Jatropha curcas L.*)**. Departamento de Qwmica, Universidade Federal do Piauζ 2006.

ARRUDA, F. P.; BELTRAO, N. E. M.; ANDRADE, A. P.; PEREIRA, W. E.; SEVERINO, L. S. Cultivo do pinhão manso (*Jatropha curcas L.*) como alternativa para o semi-árido Nordestino. **Revista Brasileira de Oleaginosas e Fibrosas**, Campina Grande, PB. v.8, n. 1, p. 789-799, jan-abril, 2004.

AUGUSTUS G. D. P. S.; JAYABALAN M; SEILER G. J. Avaliação e bioindução de componentes energéticos de Jatropha curcas. **Biomassa e Bioenergia**, v. 23(3), p.161-164, 2002.

BELEWU, M. A.; OGUNSOLA, F. O. Índices hematológicos e séricos de cabras alimentadas com torta de amêndoa de Jatropha curcas tratada com fungos em uma ração mista. **Journal of Agricultural Biotechnology and Sustainable Development**, v. 2, n. 3, p. 35-38, 2010.

BOUKOUVALAS, C. et al. Previsão do Equilíbrio Vapor-Líquido com o Modelo LCVM: A Linear Combination of the Vidal and Michelsen Mixing Rules Coupled with the Original UNIFAC and the t-mPR Equation of State, Fluid Phase Equilibria, Vol 92, p.75, 1994.

BOHM R, FLASCHENTRAGER B, LENDLE L. The activity of substances from Croton oil. **Arch Exp Pathol Pharmacol**, 177:212, 1935.

BORK, M., HILLER, W., KORNER, J.P. Instalações de produção para extração supercrítica de substâncias naturais. **In Anais do IV Encontro Brasileiro de Fluidos Supercríticos**, CDRom, Salvador, 9-11 de outubro de 2001.

BROOKER, J. Os métodos de desintoxicação de culturas de sementes oleaginosas. WO 2010/070264 A1, em: D1 (Ed.) PCT. 2010.

BRUNNER G. **Extração de gás: introdução aos fundamentos dos fluidos supercríticos e aplicação ao processo de separação**. Darmstadt, Alemanha: Steinkopff , 1994.

CARNIELLI, F. **O combustfvel do futuro**. Dispomvel em: www.ufmg.br/boletim/ bul1413, 2003.

CAVALCANTI VMS, AZNAR M, MELO SAV, CRUZ FG. Avaliação económica baseada num estudo experimental de extração de alquilamidas de géneros de Spilanthes utilizando CO2 supercrítico, In: **10th Conference on Supercritical Fluids and Their Applications**, 1:476, 2013.

CHEN, P.Y., CHEN,W.H., LAI, S.M., CHANG, C.M.J. Solubilidade dos óleos de jatropha e aquilaria em dióxido de carbono supercrítico a pressões elevadas. **Journal of Supercritical Fluids**, 55, 893-897, 2011.

CHIVANDI, E.; ERLWANGER, K. H.; MAKUSA, S. M.; READ, J. S.; MTIMUNI, J. S. Efeito da farinha de Jatropha curcas na dieta sobre o volume percentual de células compactadas, glicose sérica, concentração de colesterol e triglicerídeos e atividade de alfa-amilase de porcos desmamados em engorda. **Research Journal of Animal and Veterinary Sciences**, v.1, n. 1, p. 18-24, 2006.

COCERO, M. J. & GARCIA, J. Modelo matemático de extração supercrítica aplicado à extração de sementes oleaginosas por CO2 + álcool saturado - I. Modelo de dessorção. **Jounal of Supercritical Fluids**, v. 20, p. 229-243, 2001.

CONSTANTINOU L., R. GANI, **AIChE J.** 40, 1697-1710, 1994.

CORTESAO, M. **Culturas tropicais: plantas oleaginosas.** Lisboa: Clássica, p. 231, 1956.

DELGADO B, PESSOA FLP. Simulação da produção de butanol por um processo fermentativo integrado utilizando extração de fluido supercrítico com dióxido de carbono, **Nova Biotecnologia**, 31, 2014.

DEVAPPA RK, ANGULO-ESCALANTE MA, MAKKAR HPS, BECKER K. Potencial de utilização de ésteres de forbol como inseticida contra *Spodoptera frugiperda*. **Culturas e Produtos Industriais**, 38:50, 2012.

DEVAPPA RK. **Isolamento, caraterização e potenciais aplicações agrofarmacêuticas de ésteres de forbol do óleo *de Jatropha curcas***. Tese de Doutoramento, Universidade de Hohenheim, Estugarda, Alemanha, fevereiro, 2012.

DEVAPPA RK, MAKKAR HPS, BECKER K. Otimização das condições para a extração de ésteres de forbol do óleo *de Jatropha*. **Biomassa Bioenergia**, 34:125, 2010.

DEVAPPA RK, MALAKAR CC, MAKKAR HPS, BECKER K. Pharmaceutical potential of phorbol esters from *Jatropha curcas* oil (potencial farmacêutico dos ésteres de forbol do óleo *de Jatropha curcas*). **Natural Product Research**, 1, 2012.

DEVAPPA, R. K.; DARUKESHWARA, J.; RATHINA RAJ, K., NARASIMHAMURTHY, K.; SAIBABA, P.; BHAGYA, S. Estudos de toxicidade da farinha de Jatropha (*Jatropha curcas*) desintoxicada em ratos. **Food and Chemical Toxicology**, v. 46, p. 3621-3625, 2008.

DONG M.,WALKER T.H. Caracterização da explosão de dióxido de carbono a alta pressão para melhorar a extração de óleo de canola. **The Journal of Supercritical Fluids**, v. 44, Issue 2, Pages 193-200, 2008.

DRUMOND, M. A.; ARRUDA, F. P.; ANJOS, J. B. Pinhao manso - *Jatropha curcas L.*

Embrapa Semi-Árido, 2008.

DRUMOND, M. A.; SANTOS, C. A. F.; OLIVEIRA, V. R.; MARTINS, J. C.; ANJOS, J. B.; EVANGELISTA, M. R. V. Desempenho agronomico de genotipos de pinhao manso no semiarido pernambucano. **Ciencia Rural**, v.40, p.44-47, 2010.

ESQUIVEL, M. M.; BERNARDO-GIL, M. G.; REIS, M. B. Modelos matemáticos para extração supercrítica de óleo de casca de azeitona. **Journal of Supercritical Fluids**, v.16, p. 4358,1999.

FERRARI, R. A.; CASARINI, M. B.; MARQUES, D. A.; SIQUEIRA, W. J. Avaliaçao da composiçao qwmica e de constituintes toxico em acessos de pinhao manso de diferentes origens. **Revista Brasileira de Tecnologia de Alimentos**, Campinas, v. 12, n. 4, p. 309314, 2009.

FERREIRA, O. R.; RAMOS, A. T.; MARUO, V. M. Intoxicaçao em ovinos pela casca da *Jatropha curcas*: Aspectos c∏nicos. **Anais. I Congresso Brasileiro de Pesquisas de Pinhao manso**. Bras∏ia, 2009.

FLORA, J. R. V.; MCANALLY, A. S.; PETRIDES, D. Módulos instrucionais de estações de tratamento baseados no SuperPro Designer® v.2.7. **Environmental Modelling & Software**, v.14, p.6980, 1999.

GANDHI, V. M.; CHERIAN, K. M.; MULKY, M. J. Estudos toxicológicos sobre o óleo de Ratanjyot. **Food and Chemical Toxicology**, v. 33, n.1, p. 39-42, 1995.

GOEL, G.; MAKKAR, H. P. S.; FRANCIS, G. & BECKER, K. Phorbol Esters: estrutura, atividade biológica e toxicidade em animais. **International Journal of Toxicology**, v.26, n.4, p.279-288, 2007.

GUBITZ G M; MITTELBACH M; TRABI M. Exploitation of the tropical oil seed plant *Jatropha curcas L.* **Bioresource Technology**, v. 67, 73-82, 1999.

GUEDES RE, CRUZ FDA, LIMA MCD, SANT'ANA LDO, CASTRO RN, MENDES MF. Desintoxicação da torta de sementes *de Jatropha curcas* por meio de tratamento químico: Análise com um delineamento composto central rotacional. **Culturas e Produtos Industriais**, 52:537, 2014.

GUEDES, R. E., CRUZ, F.A., CYPRIANO M.L., MENDES, M.F. Influencia de um processo qwmico com etanol e metanol no valor roteico da torta de pinhao manso (*Jatropha Curcas L.*) **Revista de Ciencias Exatas, RJ, EDUR**, v.32, n.1, jan/jun., p. 77-85, 2013.

GUEDES, Raquel Escrivane. **Estudo da destoxificaçao da torta de pinhao manso (*Jatropha curcas L.*) usando metodo qufmico**. Dissertaçao (Mestrado). Universidade Federal Rural do Rio de Janeiro, Serop⅛dica, 2010.

GUILLAMON, E., et al. Os inibidores de tripsina presentes nas sementes de diferentes espécies e cultivares de leguminosas para grão. **Food Chemistry**,107(1): p. 68-74, 2008.

HAAS, W.; STERK, H.; MITTELBACH, M. Novos diésteres de 12-desoxi-16-hidroxiforbol isolados do óleo de sementes de Jatropha curcas. **Journal of Natural Products**, v. 65, p. 1434-1440, 2002.

HASSAN, M.N., RAHMAN, N.N.A.B., IBRAHIM, M.H., MOHD OMAR A.K. Simple fractionation through the supercritical carbon dioxide extraction of palm kernel oil. **Separ. Purif. Technol**. v.19, 113-120, 2000.

HE W, KING AJ, KHAN MA, CUEVAS JA, RAMIARAMANANA D, GRAHAM IA. Análise do teor de ésteres de forbol e curcina das sementes, juntamente com a diversidade genética em várias proveniências de *Jatropha curcas L.* de Madagáscar e do México. **Plant Physiol Biochem**. Oct;49(10):1183-90. Epub 2011 Jul 23, 2011.

HIDAYAT C., HASTUTI P., WARDHANI AK., NADIA LS. Método de degradação de éster de forbol em bolo de sementes de *Jatropha curcas L.* usando lipase de farelo de arroz. , Mar;117(3):372-4, 2014.

HURON, M.J., VIDAL, J. New Mixing Rules in Simple Equations of State for Representing Vapor- Liquid Equilibrium Models, Fluid Phase Equilibria, vol 56, p. 285-301, 1979.

INTELLIGEN (2014). Disponlvelem http://www.intelligen.com/superpro overview.html

JOSHI, C; KHARE, S. K. Utilization of deoiled *Jatropha curcas* seed cake for production of xylanase from thermophilic *Scytalidium thermophilum*.**Bioresource technology**, v. 102, n. 2, p. 1722-1726, 2011.

JOSHI, C; MATHUR, P; KHARE, S. K. Degradação de ésteres de forbol por *Pseudomonas aeruginosa* PseA durante a fermentação em estado sólido do bagaço de sementes *de Jatropha curcas* sem óleo. **Bioresource technology**, v. 102, n. 7, p. 4815-4819, 2011.

JOBACK K.G., REID R.C., **Chem. Eng. Comm**. 57, 233-243, 1987.

KLINCEWICZ K.M., REID R.C., **AIChE J**. 30, 137-142, 1984.

KING, J. W. Extraçao utilizando fluido no estado supercпtico. **Cosmeties & Toiletries** (edicao em portugues), 4:34-38, 1992.

KOOTSTRA AMJ, BEEFTINK HH, SCOTT ES, SANDERS JPM. Valorização de *Jatropha curcas*: Solubilização de proteínas e açúcares do bagaço de prensa não oleado extraído com NaOH. **Industrial Crops and Products**, 34:972, 2011.

KUMAR V, MAKKAR HPS, BECKER K. Inclusão na dieta de farinha de sementes de *Jatropha curcas* desintoxicada: efeitos no desempenho do crescimento e na eficiência metabólica da carpa comum, Cyprinus carpio L. **Fish Physiology and Biochemistry**, 36:1159, 2010.

LC Laboratories (2015) http://www.lclabs.com/products/127-p-1680-phorbol-12- myristate-13-acetate

LANG, Q. & WAI, M. C. Extração de fluido supercrítico em estudos de ervas e produtos naturais - uma revisão prática. **Elsevier Science.** v.53, p.771-782, 2001.

LAVIOLA, B. G.; BHERING, L. L.; ALBRECHT, J. C.; MARQUES, S. S.; MARANA, J. C.Caracterizacao morfoagronomica do banco de germoplasma de pinhao manso resultados do 1° ano de avaliacao In: CONGRESSO BRASILEIRO DE PESQUISAS DE PINHAO MANSO,1., 2009, Brasilia. **Anais.** Brasilia:

Embrapa, 2009.

LAVIOLA, B. G.; MENDONQA, S.; RIBEIRO, A. A. Caracterizaçao de acessos de pinhao manso quanto a toxidez. BrasΠia, DF: **Embrapa Agroenergia**, 3 p., 2009.

LAVIOLA, B. G. et al., **Anais do Simposio-Destoxificaçao e aproveitamento das tortas de pinhao-manso e mamona**, 2013.

LAVIOLA, B. G., BHERING, L. L., MENDONCA, S., ROSADO, T. B., & ALBRECHT, J. C. Caracterização morfo-agronômica do banco de germoplasma de pinhão manso. **Revista Biociências**, 27(3), 371-379, 2011.

LIM S., LEE K. Influências de diferentes co-solventes na extração supercrítica simultânea e transesterificação de sementes *de Jatropha curcas L.* para a produção de biodiesel. **Chemical Engineering Journal** 221: 436-445, 2013.

LIN, J.T. E D.J. YANG. Determinação de saponinas esteroidais em diferentes órgãos do inhame (Dioscorea pseudojaponica Yamamoto). **Food Chemistry**, 108(3): p. 1068-1074, 2008.

LIU, J. Q., YANG, Y. F., WANG, C. F., LI, Y., QIU, M. H. Três novos diterpenos de *Jatropha curcas*. **Tetrahedron**, 68(4), 972-976, 2012.

LIU, S. Y. et al. Antraquinonas em Rheum palmatum e Rumex dentatus (Polygonaceae), e ésteres de forbol em Jatropha curcas (Euphorbiaceae) com atividade moluscicida contra os caracóis vectores do esquistossoma Oncomelania, Biomphalaria e Bulinus. **Tropical Medicine & International Health**, v. 2, n. 2, p. 179-188, 1997.

LYDERSEN, A.L. **Estimativa das propriedades críticas de compostos orgânicos**. Faculdade de Engenharia da Universidade de Wisconsin, Relatório da Estação Experimental de Engenharia 3, Madison, WI, abril de 1955.

MACHMUDAH, SITI et al. Efeito da pressão na extração supercrítica de CO2 de sementes de plantas. **The Journal of Supercritical Fluids**, v. 44, n.3, p. 301-307, 2008.

MADRAS, G., THIBAUD, C., ERKEY, C. E AKGERMAN, A. Modeling of Supercritical Extraction of Organics From Solid Matrices. **AIChE Journal**, v. 40, n. 5, 777-785, 1994.

MAKKAR HPS, BECKER K, SPORER F, WINK M. Estudos sobre o potencial nutritivo e os constituintes tóxicos de diferentes proveniências de Jatropha curcas. J. **Agric. Food Chem.** 45: 3152, 1997.

MAKKAR, H. P. S.; BECKER, K. Nutritional studies on rats and fish (carp Cyprinus carpio) fed diets containing unheated and heated *Jatropha curcas* meal of a non-toxic provenance.**Journal Plant Foods for Human Nutrition**, v. 53, n. 3, p. 183-192, 1999.

MAKKAR H, MAES J, DE GREYT W, BECKER K. Removal and degradation of phorbol esters during pre-treatment and transesterification of Jatropha curcas oil. **Journal of the American Oil Chemists' Society,** 86:173. 1999. 3421-3428, 2009.

MAKKAR, H. E K. BECKER. Método de desintoxicação de constituintes vegetais, em: Instituto

Europeu de Patentes. Número da patente: WO 2010/092143 A1., 2010.

MAKKAR, H. P. S.; MARTINEZ-HERRERA, J.; BECKER, K. Variações no número de sementes por fruto, parâmetros físicos das sementes e teores de óleo, proteína e éster de forbol em genótipos tóxicos e não tóxicos de *Jatropha curcas*. **Journal of Plant Sciences**, v.3, n.3, p. 260265, 2008.

MAKKAR, H. P. S.; BECKER, K. *Jatropha curcas*, uma cultura promissora para a geração de biodiesel e coprodutos de valor agregado. **European Journal of Lipid Science and Technology**, v. 111, p. 773-787, 2009.

MAKKAR, H.P.S.; SIDDHURAJU, P.; BECKER, K. Phorbol Esters. In: **Plantas Secundárias Metabolitos**. Totowa: Humana Press, v. 393, p. 101-105, 2007.

MARRERO, J., GANI, R. Estimativa de propriedades de componentes puros baseada na contribuição de grupos. Fluid Phase Equilibria, 183, 183-208, 2001.

MARRONE, C., POLLETTO, M., REVERCHON, E., STASSI. Extração de óleo de amêndoa por CO2 supercrítico: experiências e modelação. **Chemical Engineering Science**, v. 53, p. 3711-3718, 1998.

MARTINEZ, Julian. **Extraçao de oleos volateis e outros compostos com CO2 supercntico: desenvolvimento de uma metodologia de aumento de escala a partir da modelagem matematica do processo e avaliaçao dos extratos obtidos**. 172p. Tese (Doutorado em Engenharia de Alimentos), Faculdade de Engenharia de Alimentos, Universidade Estadual de Campinas, Campinas, 2005.

MARTINEZ-HERRERA J, SIDDHURAJU P, FRANCIS G, DAVILA-ORTIZ G, BECKER K. Composição química, constituintes tóxicos/antimetabolitos e efeitos de diferentes tratamentos nos seus níveis, em quatro proveniências de *Jatropha curcas L.* do México. **Food Chem**. 96:80, 2006.

MENDES MF, PESSOA FLP, ULLER AMC. Otimização do processo de concentração de vitamina E a partir de DDSO utilizando CO2 supercrítico. **Revista Brasileira de Engenharia Química**, 22:83, 2005.

MENDES, M. F. **Estudo do processo da concentraçao da vitamina e presente no destilado da desodorizaçao do oleo de soja usando CO2 supercntico.** Tese (Doutorado), PEQ/COPPE, Universidade Federal do Rio de Janeiro, Rio de Janeiro, 2002.

MENDES, M. F.; PESSOA, F. L. P.; QUEIROZ, E. M.; MENDES, R.; PALAVRA, A.; COELHO, J. Modelos do processo de transporte na extraçao do oleo essencial do urucum utilizando fluido supercntico. **Simposio Brasileiro de Urucum.** Joao Pessoa, 2006.

MENDONCA, S.; LAVIOLA, B. G. Uso potencial e toxidez da torta de pinhao manso. BrasΠia, DF: Embrapa Agroenergia, (**Comunicado tecnico**, 001). 8p., 2009.

MENDONCA, S.; RIBEIRO, J. A. A. **Anais do Simposio-Destoxificaçao e aproveitamento das tortas de pinhao-manso e mamona**, 2013.

MICIC, *V.*, YUSUP, S., DAMJANOVIC, V., CHAN, Y. H. Modelação cinética da extração supercrítica de dióxido de carbono de folhas de sálvia (*Salvia officinalis L.*) e sementes de pinhão-manso (*Jatropha curcas L.*). **The Journal of Supercritical Fluids**,100, 142-145, 2015.

MICHELSEN, M.L. A Modified Huron-Vidal Mixing Rules for Cubic Equations of State, **Fluid Phase Equilibria**, Vol 60, p.213-219,1990.

MIN, J., LI, S., HAO, J., LIU,N. Extração supercrítica de CO2 de óleo de jatropha e correlação de solubilidade. **Journal of Chemical & Engineering,** *55* (9), 3755-3758, 2010.

MORAES MN, ZABOT GL, MEIRELES MAA. Aplicações de fluidos supercríticos em latim América: Tendências passadas, presentes e futuras. **Alimentação e Saúde Pública,** 4:3, 2014.

NAJJAR, A., ABDULLAH, N., SAAD, W. Z., AHMAD, S., OSKOUEIAN, E., ABAS, F., & GHERBAWY, Y. Desintoxicação de ésteres de forbol tóxicos da *Jatropha curcas linn*. da Malásia por *trichoderma spp*. e *fungos endofíticos*.**Revista internacional de ciências moleculares**, 15(2), 2274-2288, 2014.

NOKKAEW, R. **Elimination of phorbol esters in seed oil and press cake of *Jatropha curcas L.*** (Dissertação de doutoramento, Universidade de Kasetsart), 2008.

NORULAINI N, ZAIDUL ISM, AZIZI CYM, ZHARI I, NORAMIN MN, SAHENA F, OMAR AKM. Fracionamento de dióxido de carbono supercrítico de composições de sementes de jaca *pithecellobium jiringan* usando cromatografia gasosa rápida e espetrometria de massa por tempo de voo. **Journal of Food Process Engineering,** 34:1746, 2011.

OLIVEIRA, D. **Estudo comparativo de producao enzimatica de esteres a partir de oleos vegetais em solvente organico e CO2 supercritico**. 134 p. Tese (Doutorado), PEQ/COPPE, Universidade Federal do Rio de Janeiro, Rio de Janeiro, 1999.

OPENSHAW, K. A. Revisão de *Jatropha curcas*: uma planta oleaginosa de promessa não cumprida. **Biomass and Bioenergy**, v.19, p.1-15, 2000.

PANT, MEGHA et al. Atividade inseticida da nanoemulsão de óleo de eucalipto com filtrados aquosos de karanja e pinhão-manso. **International Biodeterioration & Biodegradation**, v. 91, p. 119-127, 2014.

PANT, M., SHARMA, S., DUBEY, S., NAIK, S. N., & PATANJALI, P. K. Utilização de subprodutos do biodiesel para controlo de mosquitos. **Journal of Bioscience and Bioengineering**, 2015.

PARK, H.R., et al. Determinação dos níveis de ácido fítico em alimentos para bebés utilizando diferentes métodos analíticos. **Food Control**, 17(9): p. 727-732, 2006.

PENEDO, P. L. M. **Estudo sobre a potencialidade da extraçao de produtos naturais utilizando CO2 supercntico**. Tese (Doutorado em Engenharia de Alimentos), Universidade Federal Rural do Rio de Janeiro, 2007.

PENG, D.Y., ROBINSON, D.B. Uma nova equação de estado com duas constantes. **Ind. Eng. Chem. Fundam.**, v.15, n.1, p. 59-64, 1976.

PEREIRA C.S.S., COELHO G.L.V., MENDES M.F. Avaliaçao de diferentes tecnologias na extraçao do oleo de pinhao manso (*Jatropha curcas L.*). **Revista de Ciencias da Vida**, 31:57, 2011.

PEREIRA, C. S. S. **Avaliaçao de diferentes tecnologias na extraçao do Oleo do Pinhão manso (*Jatropha curcas L*).** Dissertaçao (Mestrado em Engenharia Qwmica). Instituto de Tecnologia, Departamento de Engenharia Qwmica, Universidade Federal Rural do Rio de Janeiro, Serop⅛dica, RJ, 2009.

PERRUT M. **Industrial applications of supercritical fluids: development status and scale-up issues.** I Conferência Iberoamericana de Fluidos Supercríticos, Cataratas do Iguaçu-Brasil, 10-13 de abril de 2007, Artigo completo disponível no CD-ROM do PROSCIBA 2007.

PERRUT, M.; CLAVIER, J Y.; POLLETO, M.; REVERCHON, E. Modelação matemática da extração de sementes de girassol por CO2 supercrítico. **Ind. Chem. Res.** v. 36, p. 430-435, 1997.

PERTINO, M., SCHMEDA-HIRSCHMANN, G., RODRIGUEZ, J. A., THEODULOZ, C. Efeito gastroprotector e citotoxicidade dos terpenos da droga bruta paraguaia "yagua rova" (*Jatropha isabelli*). **Journal of ethnopharmacology**, 111(3), 553-559, 2007.

PETERS, M. S.; TIMMERHAUS, K. D. Plant design and economics for chemical engineers. **McGraw-Hill chemical engineering series Mostrar todas as partes desta série**, 1991.

PINTO, L. G. Q. **Efeito da presença dos taninos nas raçбes para peixes de aguas quentes.** Dissertacao (Mestrado em Aquicultura), Faculdade de Medicina Veterinaria e Zootecnia, Universidade Estadual Paulista, Jaboticabal, 2000.

POURMORTAZAVI S.M.; HAJIMIRSADEGHI S.S. Extração com fluido supercrítico na análise de óleos essenciais e voláteis de plantas. **Journal of Chromatography A**, v.1163, Issues 1-2,7, p. 2-24, 2007.

PRADO JM, ASSIS AR, MAROSTICA-JUNIOR MR, MEIRELES MAA. Custo de fabricação de óleos extraídos por via supercrítica e carotenóides de plantas da Amazônia. **J Food Process Eng**, 33:348, 2010.

PRADO JM, DALMOLIN I, CARARETO NDD, BASSO RC, MEIRELLES AJA, OLIVEIRA JV, BATISTA EAC, MEIRELES MAA. Extração com fluido supercrítico de grainha de uva: aumento de escala do processo, composição química do extrato e avaliação económica. **J Food Engineering**, 109:249, 2012.

PRADO, I.M. **Uso de simulador no estudo de aumento de escala e viabilidade economica do processo de extraçao supercntica de produtos naturais.** Dissertacao (Mestrado), Universidade Estadual de Campinas, Faculdade de Engenharia de Alimentos, Campinas, Brasil, 2009.

PRADO, J. M., MEIRELES, M. A. A. **Uso de simulador para prever o comportamento da etapa de separação em processo de extração com fluido supercrítico**. Disponvel em icef11.org, 2011.

PRADO, J. M., PRADO, G. H., & MEIRELES, M. A. A. Estudo de scale-up do processo de extração com fluido supercrítico para cravo e resíduo de cana-de-açúcar. **The Journal of Supercritical Fluids**, 56(3), 231-237,2011.

REVERCHON E., LAMBERTI G., SUBRA, P. Modelação e simulação da adsorção supercrítica de misturas complexas de terpenos. **Chemical Engineering Science**, v. 53, Issue 20, p. 3537-3544, 1998.

REVERCHON, E., OSSËO, S. Comparação de processos para a extração supercrítica de óleo de sementes de soja com dióxido de carbono. **J. Am. Oil Chem. Soc.**, v. 71, p. 1007-12, 1994.

RIBEIRO, J.A.A.; FERREIRA, O.R.; OLIVEIRA, K.S.; MENDONQA, S.; ABDELNUR, P.V.; RODRIGUES, C.M. Desenvolvimento de m⅛todo RP-UPLC-PDA para determinaçao de ⅛steres de forbol em *Jatropha curcas*. **In: Simposio Brasileiro de Cromatografia e Tecnicas Afins. Campos do Jordão. Livro de resumos** p. 207, 2014.

RIZZI, C., et al., Active soybean lectin in foods: quantitative determination by elisa using immobilised asialofetuin. **Food Research International**, 36(8): p. 815-821, 2003.

ROACH JS, DEVAPPA RK, MAKKAR HPS, BECKER K. Isolamento, estabilidade e bioatividade de ésteres de forbol *de Jatropha curcas*. **Fitoterapia**, 83:586, 2012.

RODRIGUES, V. M. **Efeito da vazao do solvente na cinetica de extraçao e na qualidade do oleo de cravo-da-fndia (*Eugenia caryphyllus*) obtido com CO2 Liquefeito.**Tese (Doutorado Engenharia de Alimentos), Departamento de Engenharia de Alimentos, UNICAMP, 1996.

ROSA, P. T. V.; MEIRELES, M. A. A. Estimativa rápida do custo de fabricação de extratos obtidos por extração com fluido supercrítico. **Journal of Food Engineering**, v.67, p.235-240, 2005.

SAETAE D, SUNTORNSUK W. Actividades antifúngicas do extrato etanólico do bolo de sementes de *Jatropha curcas*. **Jornal de Microbiologia e Biotecnologia** 20: 319, 2010.

SANTOS, Enio Rafael de Medeiros. **Extraçao, caracterizaçao e avaliaçao bioativa do extrato de Rumex acetosa.**105 f. Dissertaçao (Mestrado em Pesquisa e Desenvolvimento de Tecnologias Regionais) - Universidade Federal do Rio Grande do Norte, Natal, 2013.

SANTOS DT, VEGGI PC, MEIRELES MAA. Extração de compostos antioxidantes de cascas de jabuticaba (Myrciaria cauliflora): rendimento, composição e avaliação econômica. **Revista de Engenharia de Alimentos**, 101:23, 2011.

SANTOS, L. L. C.; FRANQA, F. A.; LOPES, L. B.; SILVA, G. M. S.; AVELAR, K. E. S.; MORAES, S. R. Atividades farmacologicas e toxicologicas da *Jatropha curcas* (Pinhao manso). **Revista Brasileira de Farmacologia**, v.4, n.89, p.333-336, 2008.

SEVERA G, KUMAR G, TROUNG M, YOUNG G, COONEY MJ. Extração e separação simultâneas de ésteres de forbol e bio-óleo da biomassa de Jatropha utilizando cosolventes de líquido iónico-metanol. **Tecnologia de Separação e Purificação,** 116:265, 2013.

SILVA CF, MENDES MF, PESSOA FLP, QUEIROZ EM. Extração supercrítica com dióxido de carbono do óleo de noz de macadâmia (*Macadamia integrifolia*): experimentos e modelagem, **Revista Brasileira de Engenharia Química**, 25:175, 2008.

SILVA, F. P. T.; LIBERAL, E. M.; PESSOA, F. L. P. Uso do fluido supercπtico na extraçao de produtos naturais. **Boletim da Sociedade Brasileira de Ciencia e Tecnologia de Alimentos- SBCTA**. v.31, p.48-61, jan/jun, 1997.

SOVOVA, H. Taxa de extração de óleo vegetal com CO2 supercrítico - I. Modelação das curvas de extração. **Chemical Enginnering Science**, v.49, n.3, p. 409-4141, 1994.

SOVOVA, H.; KUCERA, J.; JEZ, J. Taxa de extração de óleos vegetais com CO2 supercrítico - II. Extração de óleo de uva. **Chemical Engineering Science**. v.49, n.3, p. 415-420,1994.

SOVOVA, H. Modelo matemático para extração com fluido supercrítico de produtos naturais e avaliação da curva de extração. **The Journal of Supercritical Fluids**, v. 33, n. 1, p. 3552, 2005.

SRIRAMS .
http://www.jatropha.pro/PDF%20bestanden/WBM2012/sriram srinivasan 13 14 00. pdf

SUTTHIVAIYAKIT, S., MONGKOLVISUT, W., PRABPAI, S., KONGSAEREE, P. Diterpenos, Sesquiterpenos e um Conjugado Sesquiterpeno-Cumarina de *Jatropha integerrima*. *Jornal de produtos naturais*, 72(11), 2024-2027, 2009.

TAKEUCHI, T. M.; LEAL, P. F.; ROSA, P. T. V.; MEIRELES, M. A. M. Impacto de uma separação flash não ideal na avaliação econômica da obtenção de óleo de cravo via tecnologia supercrítica. **In: VII Conferência Iberoamericana sobre Equilíbrio de Fases e Propriedades dos Fluidos para o Desenho de Processos**. EQUIFASE, Morelia, M⅛xico, v.1, p. 1-6, 2006.

TURTON R, BAILIE RC, WHITING WB, SHAEIWITZ JA. **Analysis, Synthesis, and Design of Chemical Processes**, New Jersey: Prentice Hall, 2009.

UNICA, Uniao da Industria de Cana-de-açucar. http://www.unica.com.br/unica.php, 2015.

VEGGI PC, CAVALCANTI NR, MEIRELES MAA. Produção de extratos ricos em fenólicos de plantas brasileiras utilizando extração com fluido supercrítico e subcrítico: dados experimentais e avaliação econômica. **J Food Engineering,** 131:96, 2014.

WENDER PA, KEE JM, WARRINGTON JM. Síntese prática de prostratina, DPP e seus análogos, adjuvantes contra o HIV latente. **Science,** 320:649, 2008.

WILLEMS, P., KUIPERS, N.J.M., HAAN, A.B. Expressão mecânica de sementes oleaginosas assistida por gás: Influência dos parâmetros do processo no rendimento do óleo. **Journal of Supercritical Fluids**, v. 45, Issue 3, p. 298-305, 2008.

XIAO J, ZHANG H, NIU L, WANG X, LU X. Avaliação dos métodos de desintoxicação na composição tóxica e antinutricional e na qualidade nutricional das proteínas da farinha *de Jatropha curcas*. **Journal of Agricultural and Food Chemistry**, 59:4040, 2011.

YAN L, BIAO L, JIE C. Produção de biodiesel e farinha de pinhão-manso não tóxica a partir de sementes de pinhão-manso em dióxido de carbono supercrítico. **Ata Petrolei Sinica (Secção de Processamento de Petróleo)** 29:62, 2013.

ZABOT, G. L.; MORAES, M. N.; CARVALHO, P. I. N.; MEIRELES, M. A. A. Nova proposta de extração de compostos de alecrim: Intensificação do processo e avaliação económica. Culturas e Produtos Industriais, 77, 758-771, 2015.

ZIBETTI, ANDRË WUST. Desenvolvimento de um processo de separaçao de compostos bioativos de *Rosmarinus officinalis*. Tese (Doutorado) - Universidade Federal de Santa Catarina, Centro Tecnologico Programa de Pos-Graduaçao em Engenharia Quimica, 2012.

ZEKOVIC, ZORAN; LEPOJEVIC, ZIKA; TOLIC, ALEKSANDAR. Modelação do sistema de extração de dióxido de carbono supercrítico de tomilho. II. A influência do tempo de extração e da pressão de dióxido de carbono. **Separation science and technology**, v. 38, n. 3, p. 541552, 2003.

Apêndice A

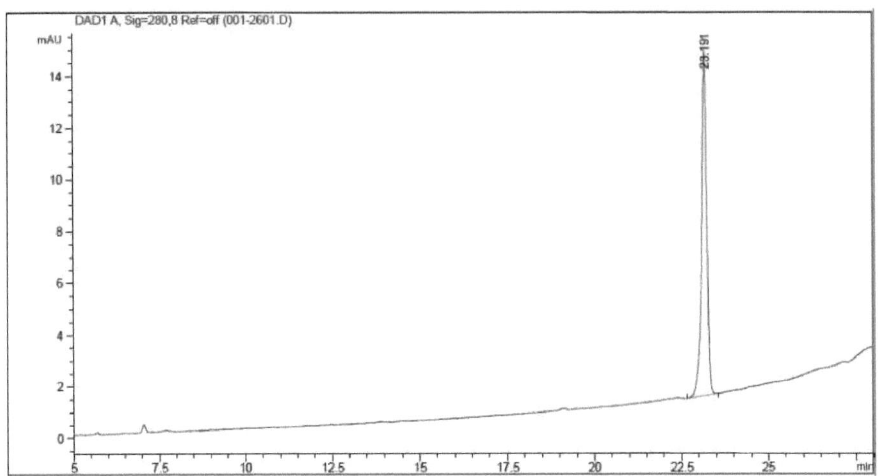

Figura 21. Perfil de HPLC do acetato de 12-O-tetradecanoilforbol-13 (2,5 ug)

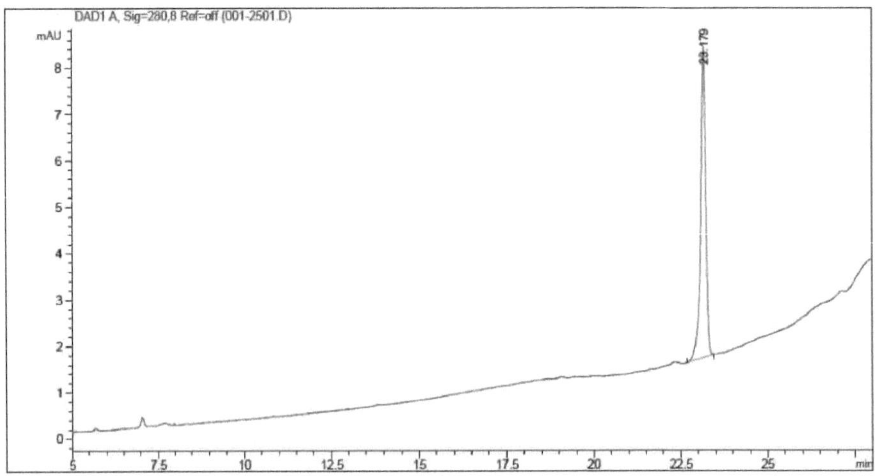

Figura 22. Perfil de HPLC do acetato de 12-O-tetradecanoilforbol-13 (1,25 ug)

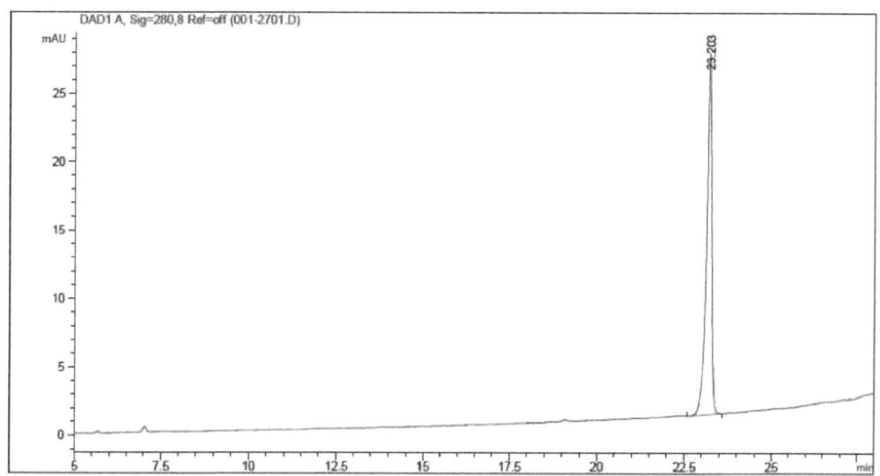

Figura 23. Perfil de HPLC do acetato de 12-O-tetradecanoilforbol-13 (5,0 ug)

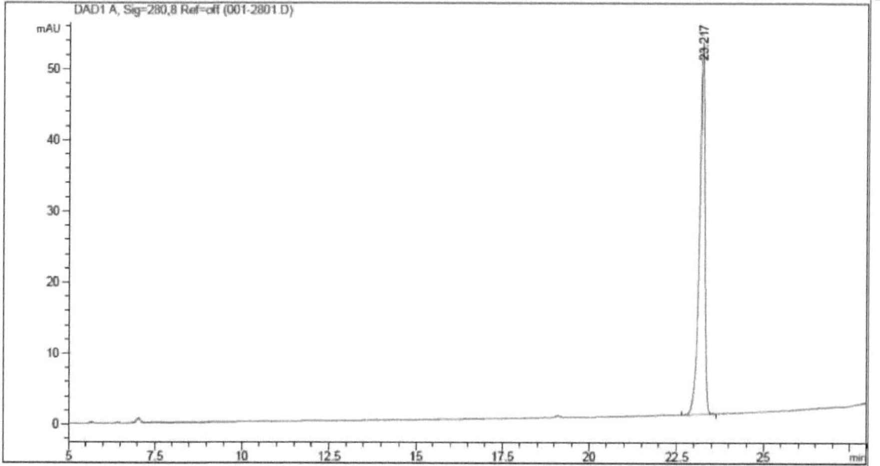

Figura 24. Perfil de HPLC do acetato de 12-O-tetradecanoilforbol-13 (10,0 ug)

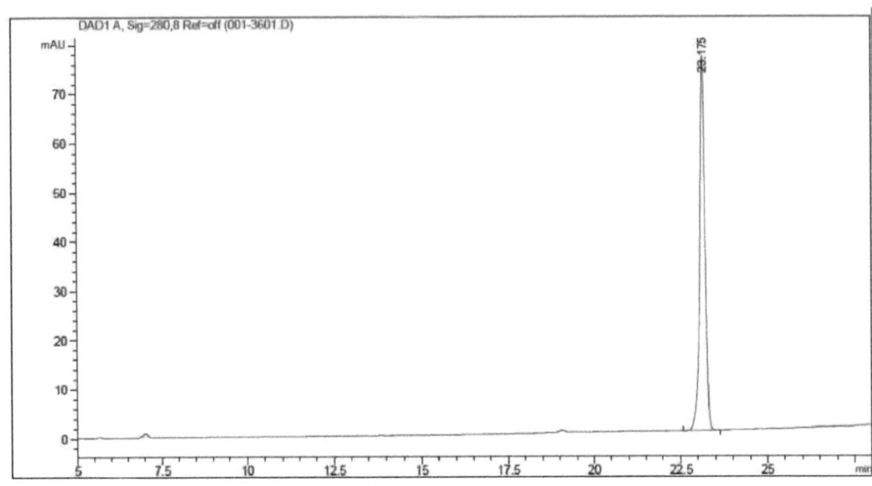

Figura 25. Perfil de HPLC do acetato de 12-O-tetradecanoilforbol-13 (15,0 ug)

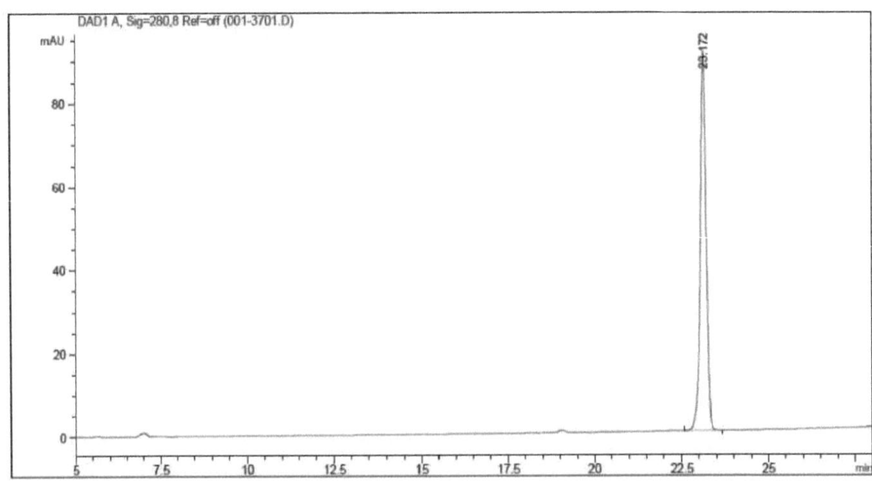

Figura 26. Perfil de HPLC do acetato de 12-O-tetradecanoilforbol-13 (20,0 ug)

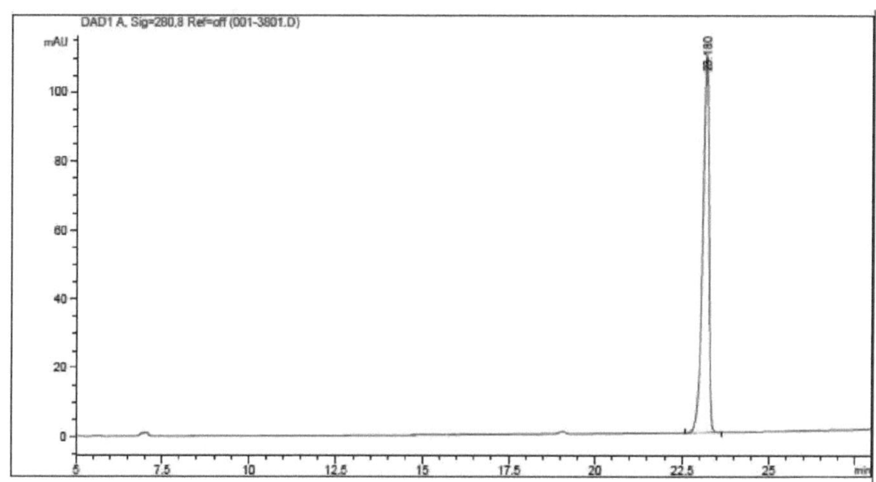

Figura 27. Perfil de HPLC do acetato de 12-O-tetradecanoilforbol-13 (25,0 ug)

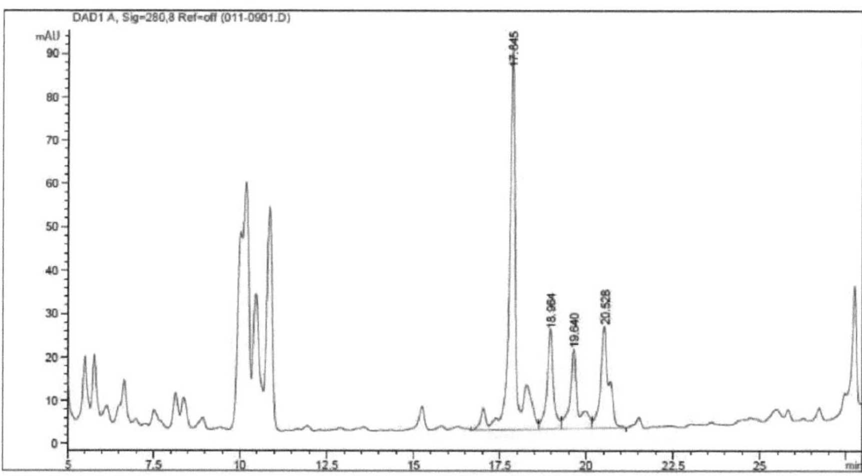

Figura 28. Perfil HPLC do extrato da prensa de bagaço de pinhão-manso

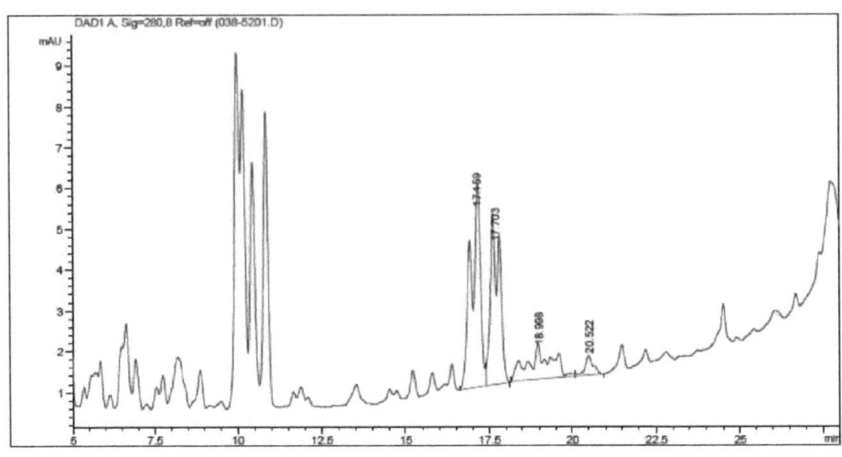

Figura 29. Perfil HPLC do extrato obtido a 50 °C e 160 bar da prensa de bagaço de pinhão-manso

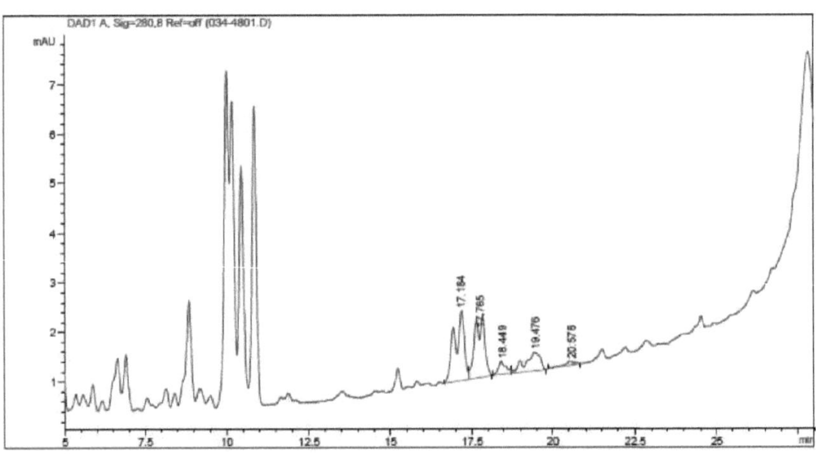

Figura 30. Perfil HPLC do extrato obtido a 90 °C e 160 bar da prensa de bagaço de pinhão-manso

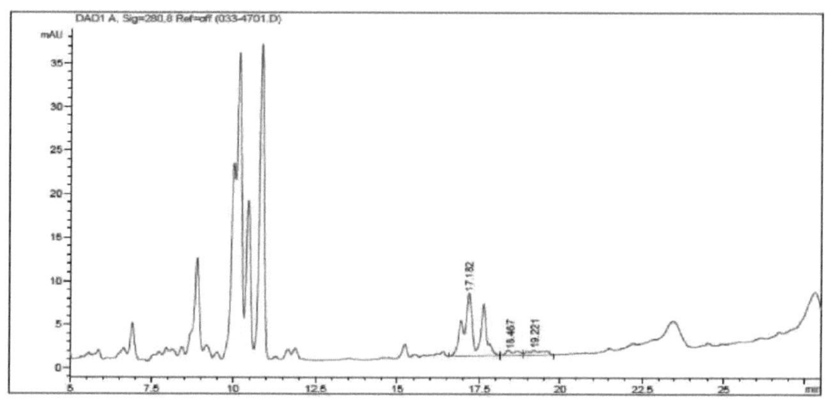

Figura 31. Perfil HPLC do extrato obtido a 40 °C e 300 bar da prensa de bagaço de pinhão-manso

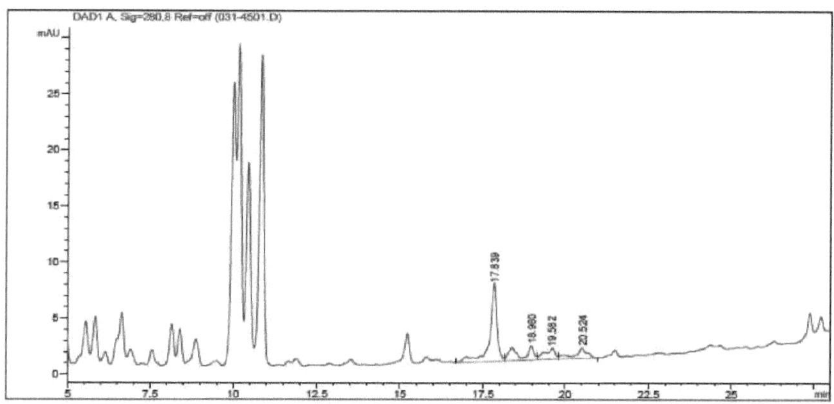

Figura 32. Perfil HPLC do extrato obtido a 70 °C e 300 bar da prensa de bagaço de pinhão-manso

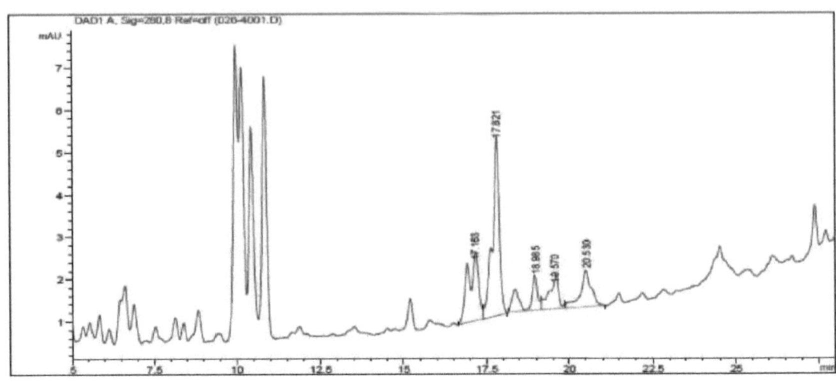

Figura 33. Perfil HPLC do extrato obtido a 98 °C e 300 bar da prensa de bagaço de pinhão-manso

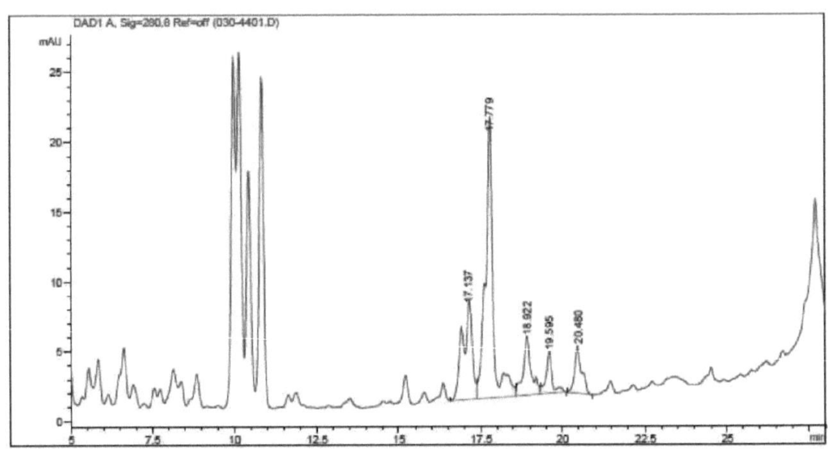

Figura 34. Perfil HPLC do extrato obtido a 50 °C e 440 bar da prensa de bagaço de pinhão-manso

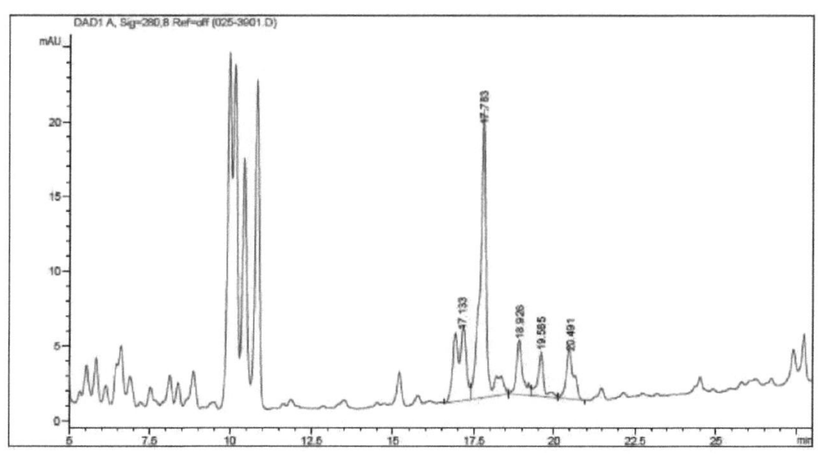

Figura 35. Perfil HPLC do extrato obtido a 90 °C e 400 bar da prensa de bagaço de pinhão-manso

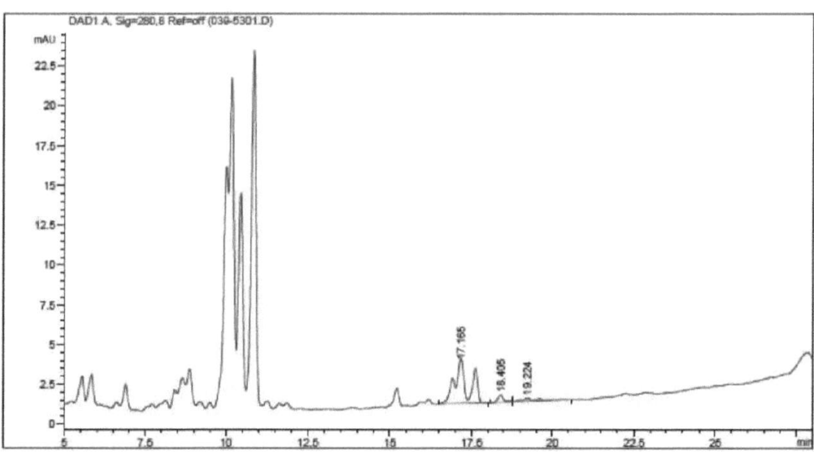

Figura 36. Perfil HPLC do extrato obtido a 70 °C e 100 bar da prensa de bagaço de pinhão-manso

Apêndice B

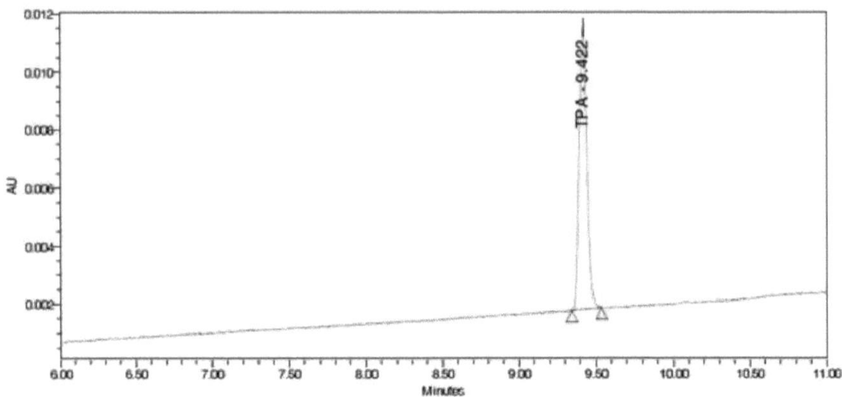

Figura 37. Perfil de HPLC *do 12-O-Tetradecanoilforbol-13-acetato* (TPA) Ribeiro et al. (2014)

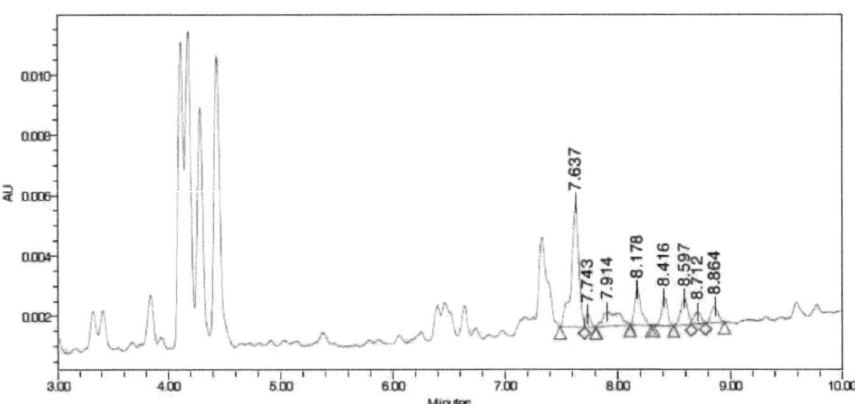

Figura 38. Perfil de HPLC do extrato obtido a 40 °C e 300 bar de Jatropha nas condições de análise optimizadas por Ribeiro et al. (2014)

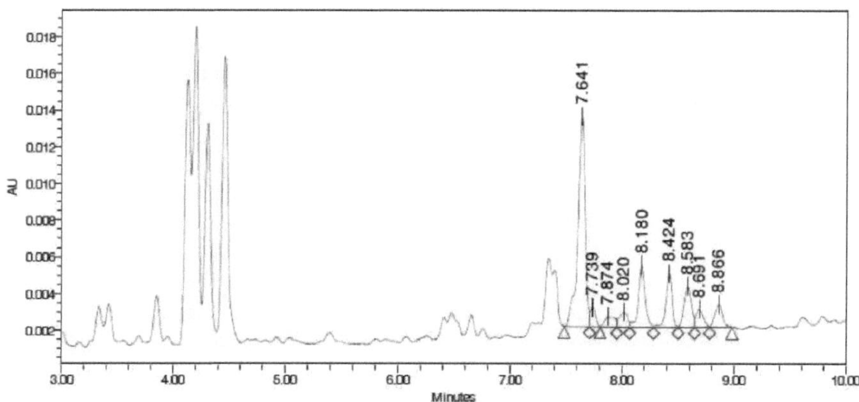

Figura 39. Perfil de HPLC do extrato obtido a 90 °C e 440 bar de Jatropha nas condições de análise optimizadas por Ribeiro et al. (2014)

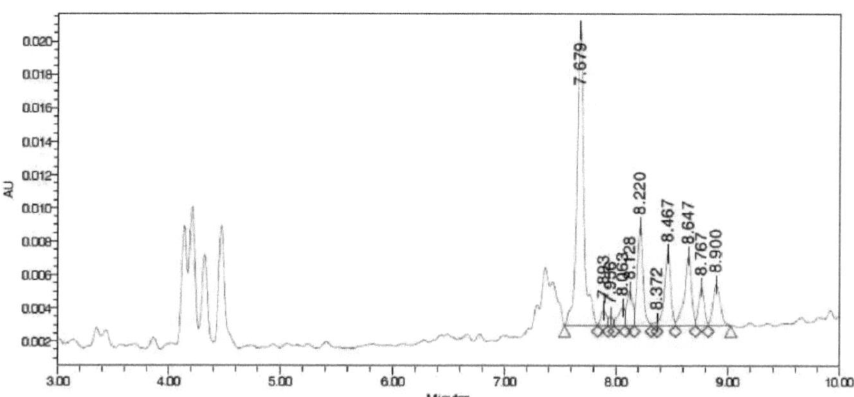

Figura 40. Perfil de HPLC do extrato obtido a 50 °C e 440 bar de Jatropha nas condições de análise optimizadas por Ribeiro et al. (2014)

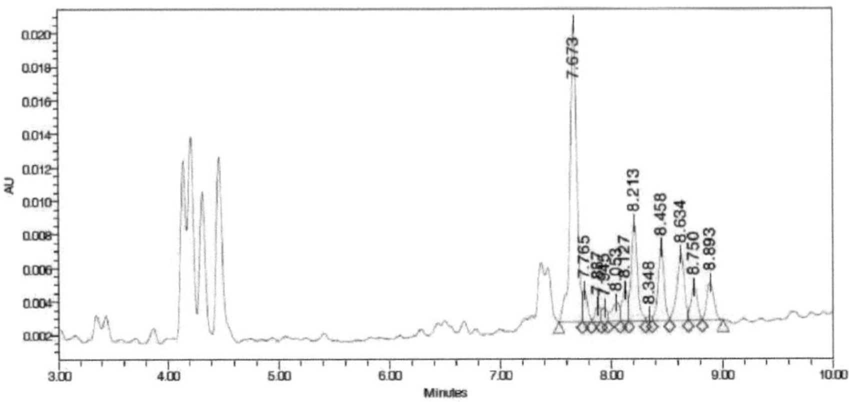

Figura 41. Perfil de HPLC do extrato obtido a 70 °C e 300 bar de Jatropha nas condições de análise optimizadas por Ribeiro et al. (2014)

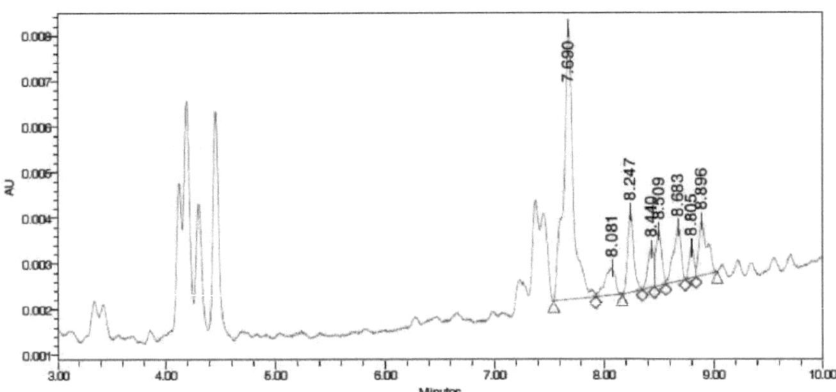

Figura 42. Perfil de HPLC do extrato obtido a 70 °C e 500 bar de Jatropha nas condições de análise optimizadas por Ribeiro et al. (2014)

Apêndice C

Relatório de custos discriminado

PARÂMETROS GLOBAIS DO PROCESSO

Operating Time	7,920.00 h/yr
Recipe Batch Time	60.00 h
Recipe Cycle Time	60.00 h
Number of Batches Per Year	132.00

MP = Flow of Component 'ester de forbol' in Stream 'Ester de forbol + CO2'

Relatório de avaliação económica

SUMÁRIO EXECUTIVO (preços de 2015)

Total Capital Investment	5,533,000 $
Capital Investment Charged to This Project	5,533,000 $
Operating Cost	4,906,000 $/yr
Revenues	37,026,000 $/yr
Cost Basis Annual Rate	2,468,400 mg MP/yr
Unit Production Cost	1.99 $/mg MP
Net Unit Production Cost	1.99 $/mg MP
Unit Production Revenue	15.00 $/mg MP
Gross Margin	86.75 %
Return On Investment	355.20 %
Payback Time	0.28 years
IRR (After Taxes)	145.86 %
NPV (at 7.0% Interest)	133,069,000 $

MP = Flow of Component 'ester de forbol' in Stream 'Ester de forbol + CO2'

RESUMO DA ESTIMATIVA DE CAPITAL FIXO (preços de 2015 em $)

3A. Total Plant Direct Cost (TPDC) (physical cost)	
1. Equipment Purchase Cost	624,000
2. Installation	305,000
3. Process Piping	194,000
4. Instrumentation	81,000
5. Insulation	19,000
6. Electrical	181,000
7. Buildings	37,000
8. Yard Improvement	62,000
9. Auxiliary Facilities	343,000
TPDC	1,848,000

3B. Total Plant Indirect Cost (TPIC)	
10. Engineering	591,000
11. Construction	628,000
TPIC	1,220,000

3C. Total Plant Cost (TPC = TPDC+TPIC)	
TPC	3,067,000

3D. Contractor's Fee & Contingency (CFC)	
12. Contractor's Fee	552,000
13. Contingency	1,104,000
CFC = 12+13	1,656,000

3E. Direct Fixed Capital Cost (DFC = TPC+CFC)	
DFC	4,724,000

CUSTO DA MÃO-DE-OBRA - RESUMO DO PROCESSO

Labor Type	Unit Cost ($/h)	Annual Amount (h)	Annual Cost ($)	%
Operator	6.90	47,520	327,888	9.30
Supervisor	105.00	19,800	2,079,000	59.00
QC Analyst	84.62	13,200	1,116,998	31.70
TOTAL		80,520	3,523,886	100.00

ANÁLISE DE RENTABILIDADE (preços de 2015)

A.	Direct Fixed Capital	4,724,000 $
B.	Working Capital	337,000 $
C.	Startup Cost	472,000 $
D.	Up-Front R&D	0 $
E.	Up-Front Royalties	0 $
F.	Total Investment (A+B+C+D+E)	5,533,000 $
G.	Investment Charged to This Project	5,533,000 $

H.	**Revenue/Savings Rates**		
	ester de forbol in 'Ester de forbol + CO2' (Main Revenue)	2,468,400	mg ester de forbol/yr
I.	**Revenue/Savings Price**		
	ester de forbol in 'Ester de forbol + CO2' (Main Revenue)	15.00	$/mg ester de forbol
J.	**Revenues/Savings**		
	ester de forbol in 'Ester de forbol + CO2' (Main Revenue)	37,026,000	$/yr
1	Total Revenues	37,026,000	$/yr
2	Total Savings	0	$/yr
K.	**Annual Operating Cost (AOC)**		
1	Actual AOC	4,906,000	$/yr
2	Net AOC (K1-J2)	4,906,000	$/yr
L.	**Unit Production Cost /Revenue**		
	Unit Production Cost	1.99	$/mg MP
	Net Unit Production Cost	1.99	$/mg MP
	Unit Production Revenue	15.00	$/mg MP
M.	Gross Profit (J-K)	32,120,000	$/yr
N.	Taxes (40%)	12,848,000	$/yr
O.	Net Profit (M-N + Depreciation)	19,654,000	$/yr
	Gross Margin	86.75	%
	Return On Investment	355.20	%
	Payback Time	0.28	years

MP = Flow of Component 'ester de forbol' in Stream 'Ester de forbol + CO2'

Relatório de análise de fluxo de caixa

ANÁLISE DO FLUXO DE CAIXA (milhares de $)

Year	Capital Investment	Debt Finance	Sales Revenues	Operating Cost	Gross Profit	Loan Payments	Depreciation	Taxable Income	Taxes	Net Profit	Net Cash Flow
1	- 1,417	0	0	0	0	0	0	0	0	0	- 1,417
2	- 1,889	0	0	0	0	0	0	0	0	0	- 1,889
3	- 1,754	0	6,171	4,309	1,862	0	383	1,862	745	1,500	- 255
4	0	0	37,026	4,906	32,120	0	383	32,120	12,848	19,654	19,654
5	0	0	37,026	4,906	32,120	0	383	32,120	12,848	19,654	19,654
6	0	0	37,026	4,906	32,120	0	383	32,120	12,848	19,654	19,654
7	0	0	37,026	4,906	32,120	0	383	32,120	12,848	19,654	19,654
8	0	0	37,026	4,906	32,120	0	383	32,120	12,848	19,654	19,654
9	0	0	37,026	4,906	32,120	0	383	32,120	12,848	19,654	19,654
10	0	0	37,026	4,906	32,120	0	383	32,120	12,848	19,654	19,654
11	0	0	37,026	4,906	32,120	0	383	32,120	12,848	19,654	19,654
12	0	0	37,026	4,906	32,120	0	383	32,120	12,848	19,654	19,654
13	0	0	37,026	4,524	32,502	0	0	32,502	13,001	19,501	19,501
14	0	0	37,026	4,524	32,502	0	0	32,502	13,001	19,501	19,501
15	810	0	37,026	4,524	32,502	0	0	32,502	13,001	19,501	20,311

IRR/NPV SUMMARY					
IRR Before Taxes	191.02 %	Interest %	7.00	9.00	11.00
IRR After Taxes	145.86 %	NPV	133,069.00	115,185.00	100,309.00

Printed by Books on Demand GmbH, Norderstedt / Germany